听心理学家讲故事

雷　坚◎编著

中国纺织出版社

内 容 提 要

一个个富有哲理的故事，细腻而温润的语言，从心理医生嘴里娓娓道来。

或许，这并不能帮你摆脱生活的烦恼，却也能减轻你内心的重压，让你以一种轻松的心态去面对现实的人生，找寻失落很久的快乐。

图书在版编目（CIP）数据

听心理学家讲故事 / 雷坚编著. --北京：中国纺织出版社，2017.12

ISBN 978-7-5180-4414-6

Ⅰ.①听…　Ⅱ.①雷…　Ⅲ.①心理学—通俗读物　Ⅳ.①B84-49

中国版本图书馆CIP数据核字（2017）第302891号

责任编辑：闫　星　　特约编辑：李　杨　　责任印制：储志伟

中国纺织出版社出版发行

地址：北京市朝阳区百子湾东里A407号楼　邮政编码：100124

销售电话：010—67004422　传真：010—87155801

http：//www.c-textilep.com

E-mail：faxing@c-textilep.com

中国纺织出版社天猫旗舰店

官方微博http://weibo.com/2119887771

三河市宏盛印务有限公司印刷　各地新华书店经销

2017年12月第1版第1次印刷

开本：710×1000　1/16　印张：13

字数：215千字　定价：36.80元

凡购本书，如有缺页、倒页、脱页，由本社图书营销中心调换

前言

一场大雨之后，一只蜘蛛艰难地向墙上已经支离破碎的网爬去。由于墙壁潮湿，它爬到一定的高度，就会掉下来。蜘蛛一次次地向上爬，又一次次地掉下来……一个人看到这只蜘蛛，叹了口气，自言自语道："我的一生不正如这只蜘蛛吗？忙忙碌碌而无所得。"于是，这个人变得更加消沉。

也许人生总是有太多的不如意，甚至痛苦比快乐的部分还要多。工作上的，生活上的，感情上的，所有的一切不如意，似乎没有人来倾听，唯一忠实的听众就是自己的心。

大凡生活于世俗的人，总是不能心平气和，时常感觉自己为别人而活着，为各种不同的烦忧而活着。似乎有太多的身不由己，太多的事与愿违，太多的不完美，太多的幸福只是瞬息而过。每当伸手想留住些什么，抓住的却是微薄的空气，那些好像原本属于你的总会一点一点地消失。时光在不经意间流逝，抬头仰望久违的天空，发现它正在下着很大很冷的雨，所以只能独自痴痴地站在雨里望着远方……

有些人年轻时向往于大都市的繁华，然而一切并没有想象的那么美好，在繁华的背后有太多生活的辛酸和无奈。在人生的某个阶段，又幻想着下一个人生阶段，好像那里只有美妙的音符和欢快的乐章。直到有一天才感觉到许多现实早已把思想改变，自己感觉到的不是理想中的自由，而是迷茫与无聊。

生活中，你是否也曾感到如此郁闷、不安、孤独，想要找个发泄的出口，却发现无处可去、无人可说。你是否期待着有一个如知己般的心理医生，可以随时为你排忧解惑。如果你正在寻找，那这本书可以成为你的亲密朋友。

编者著

2017年2月

目录

第01章
人生阴影，是自己遮住了阳光

人生中很多阴影的出现，都是我们自己遮住了阳光。人生有亮丽的风景，在亮丽的背面会有黑暗的风景。如果你总是盯着黑暗的地方看，就看不到阳光了。当你的心宽阔、无为之时，越过前面的阴影，自然会重见阳光。

欲望无边，一切适可而止

生活中有两个悲剧。一个是你的欲望得不到满足，另一个则是你的欲望得到了满足。

人生就是一次奇怪的旅程，有的人跌跌撞撞，在人生中迷失了自己的方向；有的人怡然自乐，微笑面对生活，把握住了人生的幸福。也许，你会感到疑惑，怎么会出现这样迥然不同的局面。因为，在人生的旅途中，除了美丽的风景，还有很多的诱惑，而每个人的内心都有一个魔鬼，那就是欲望。当那些诱惑出现在你面前，就会激发起你内心的欲望，为了满足内心的欲望，你会奋不顾身、倾尽一生，极力地追求着，所以，你会在人生的路上跌跌撞撞，找不到失去的自我，痛苦地煎熬着。

每个人都有这样或那样的各种欲望，有的人追逐权力，有的人崇尚金钱，有的人喜欢幸福，有的人渴望快乐。在他们的生活中，缺少着什么他们就渴望着什么，而且这样的欲望是惊人的。因为欲望本身的特点就是难以满足，不断地循环下去，欲望越滚越大，扭曲了内心，他成为了欲望的奴隶。欲望无边境，一切适可而止吧。

于连出生在小城维立叶尔郊区的一个锯木厂家庭，从小身体瘦弱，在家中被看成是“不会挣钱”的不中用的人，经常遭到父兄的打骂和奚落。卑贱的出生使他常常受到社会的歧视。对此，从小就聪明好学的他，在一位拿破仑时代老军医的影响下，崇拜拿破仑，幻想着通过“入军界、穿军装、走一条红”的道路来建功立业、飞黄腾达。

在14岁时，于连想借助革命建功立业的幻想破灭了。这时他不得不选择

“黑”的道路，幻想进入修道院，穿起教士黑袍，希望自己成为一名“年俸十万法郎的大主教”。18岁，于连到了市长家中担任家庭教师，而市长只将他看成是拿工钱的奴仆。在名利的诱惑下，他开始接触市长夫人，并成为了市长夫人的情人。

后来，与市长夫人的关系暴露之后，他进入了贝尚松神学院，投奔了院长，当上了神学院的讲师。后因教会内部的派系斗争，彼拉院长被排挤出神学院，于连只得随彼拉来到巴黎，当上了极端保皇党领袖木尔侯爵的私人秘书。他因沉静、聪明和善于谄媚，得到了木尔侯爵的器重，以渊博的学识与优雅的气质，又赢得了侯爵女儿玛蒂尔小姐的羡慕，尽管不爱玛蒂尔，但他为了抓住这块实现野心的跳板，竟使用诡计占有了她。得知女儿已经怀孕后，侯爵不得不同意这门婚事。于连为此获得一个骑士称号、一份田产和一个骠骑兵中尉的军衔。于连通过虚伪的手段获得了暂时的成功。但是，尽管他为了跻身上层社会用尽心机，不择手段，然而最终功亏一篑，付出了生命的代价。

有人说，于连身上有着两面性的性格特征。于连最后在狱中也承认自己的身上实际有两个我：一个我是“追逐耀眼的东西”，另一个我则表现出“质朴的品质”。在追逐名利的过程中，真实的于连与虚伪的于连互相争斗，当然，他本人内心也是异常痛苦的。最终，因不断地追求名利，让自己心力交瘁。

欲望就像毒品，是会上瘾的，当你一次满足了之后，就会不断地想要更多的欲望，那根本就是一个无法填满的无底洞。当然，每个人都有一定的欲望，这是正常的。欲望可以促进我们不断地奋进，欲望也是一种自我肯定。但是，如果你的欲望过于强烈，就不再是对自己存在的肯定，相反会进而否定或取消别人的存在。到那时候，人被欲望所控制着，成为了欲望的奴隶。学会放下欲望的人是自由的，因为没有了禁锢，也就没有了烦恼，所以他是自由的。也许，在你的心中也会有种种的欲望，或金钱或权力，但是，如果你要想赢得自己的人生，赢得幸福，那就放下欲望，适可而止。

谁也不记得欲望是怎么来的，它似乎是人类与生俱来的。即便是一个刚刚诞生的小生命，随着时间的发展，欲望也会在他身上不断地演变和繁殖。有物质上的衣食住行，有精神上的尊重、认可、快乐、自信、幸福、自由，这些不同的欲望在不同的时间、不同的地点、不同的人身上尽情地表演着，构成了多彩纷呈的世界，点缀了千姿百态的人生。

人类是欲望的产物，而生命则是欲望的延续，人不可能没有欲望。欲望也不会停止，它会伴随着人的一生。欲望的存在是无可厚非的，但是，人类是高级动物，可以控制自己的欲望，甚至放下自己的欲望，这也是可以做到的。一个人就像是一条欲望的溪流，它流淌的不是溪水，而是人的各种欲望。

心灵物语

欲望如水，能载舟，也能覆舟，就看你如何去对待了。很多时候，我们抱怨生活太痛苦了，其实这就是内心的欲望无形之中为自己戴上了枷锁，禁锢了自己的自由与生命。那么，当你感到沉重的时候，不妨放下内心的欲望，跨越生命，赢得自己的人生。

走不同的路，看不一样的风景

跳出框框，别被固有的思想禁锢住。

无论我们做什么事情，如果你总是在别人用过的套路中打转转，那只会束缚自己的思维，这时你应该做的，就是跳出框框，别被固有的思想禁锢住。当经验在大脑里越积越多，甚至会形成一种思维定式的时候，人们总习惯用自己的价值标准和思维模式来评判事物，其实，这就是所谓的“思想僵化”。

通常情况下，越是在机遇面前，一个人的心理越是趋于保守，他就越容易陷入这样的困境，他很难去做任何事情。生活在这个变化莫测的世界，时代总是向前，逆水行舟，不进则退，如果你不愿意创新自己的思想，总有一天，你将会被这个社会所淘汰。

匈牙利在20世纪40年代发明了圆珠笔，由于它易于书写和便于携带，所以一经问世便风行全球。可好景不长，这种圆珠笔在使用一段时间后就会出现漏油的毛病，弄脏了纸张及衣袋。

对此，圆珠笔发明者及很多研究圆珠笔的人对于漏油问题都反复进行了深入的研究，他们都发现毛病出在笔珠书写时受到磨损，墨油就跟随磨损部位漏出来。他们将注意力一直停留在笔珠的研究上，拼命提高笔珠的耐磨性。当他们把笔珠的耐磨性改善后，笔珠与笔杆接触的耐磨问题冒出来了。

而日本人中田藤三郎却发现了问题中的奥秘，在他看来，圆珠笔是个很有发展前途的商品，假如能改进它的漏油问题，将会获得比圆珠笔的发明者更多的财富。他仔细分析了圆珠笔的结构及出毛病的原因，也总结了许多人对改进漏油问题的失败经验。最后，他采取逆向思维，获得了防止圆珠笔漏油的方法。

他的方法很简单：通过反复试验，统计当圆珠笔写到多少字后就漏油，在掌握这个数量的基础上，他着手把笔芯的装油量减少，减少到圆珠笔磨损在开始漏油之后，芯子中的笔油已经用完了，这样，再也无油可漏了。笔芯的油用完了，可换支笔芯，圆珠笔可继续使用。

在解决圆珠笔漏油的问题上，中田藤三郎并没有被固有思想的框框套住，而是逆向思考，开拓思维，因而巧妙地解决了难题。人和动物最根本的区别在于有思想、有思维活动。但是，思想也是需要推陈出新、不断更新的。否则，总是被固有的陈旧思想束缚，只会一事无成。

在美国纽约街头，有一个卖气球的小贩，每次当自己生意不怎么好的时候，他就会使用这样的方法：向天空放飞几只气球。这样一来，就会吸引一些玩耍的小朋友来围观，自己的生意又会好起来，那些被气球吸引过来的小朋友都争着买他的色彩漂亮的气球。

有一天，当他向空中放飞了几只气球的时候，他发现了在一大群围观的孩子中间，有一个黑人小孩，他用一种疑惑的眼神看着天空。小贩很奇怪，他在看什么呢？顺着黑人孩子的眼光看去，发现空中正飘着一只黑色的气球。这只黑色气球是否代表着自己呢？

小贩走上前去，用手轻轻地抚摸黑人孩子的头，微笑着说："孩子，黑色气球能不能飞上天，在于它心中有没有想飞的那一口气，如果这口气够足，那它一定能飞上天空。"

在当时的美国，种族歧视十分严重，黑人在美国社会根本没有什么地位。难道黑人就真的没有办法像黑气球一样飞上天空吗？或许，在几百年前，美国白色人种不会相信有一天黑人也会坐上总统的位置，那是固有的思想。但是，在今天，相信所有的美国人都知道，黑色人种一样可以很好地统治美利坚合众国。当然，几百年来，无数的黑人并没有被固有的思想所束缚，他们一直在努力，终于，跳出了框框，而奥巴马则成为美国第一任黑人总统。

成功者说："财富是想出来的。"其实，一个人要想成功，不仅仅要养成思考的好习惯，还需要不断地创新自己的思想。开阔思路，扩展思维，这样，你才能更大限度地获取有益的信息，从而促使自己获得辉煌的成就。对于那些敢于冲破固有思想的人来说，他们永远不会跟随众人的思维模式，而是找到一条另辟蹊径的解决办法的道路，那是他们身上的一种特质。

心灵物语

新思想是击破思维定式的有效武器，无论是在思考的开始，还是在其他某个环节上，当我们的思考活动碰到了障碍，陷入了某种困境，难以再继续下去的时候，你需要思考一下：自己的头脑中是否有固有思想在起束缚作用，自己是否被某种思维定式捆住了手脚？

接受痛苦，请别放弃希望

逆境是另一种希望的开始，它往往预示着美好的明天。

在人生的道路上，挫折和逆境都是在所难免的，而那些磕磕绊绊、坎坎坷坷也是我们无法预料的，但是，有一点我们一定要牢牢记住：怀抱希望，永不绝望。在遭遇逆境的时候，不要为此沮丧忧虑。不管发生了什么事情，无论自己的处境多么糟糕，都不要沉溺在绝望中无法自拔，千万不要让痛苦占据你的心灵。心怀希望，当困难来临的时候，我们才有勇气直面困难、打倒困难，并以顽强的意志战胜困难。

亚伯拉罕·林肯在一次竞选参议员失败后这样说道："此路艰辛而泥泞，我一只脚滑了一下，另一只脚也因而站不稳；但我缓口气，告诉自己'这不过是滑一跤，并不是死去而爬不起来'。"因为他怀抱着必胜的希望，所以，他的人生从来没有绝望过。

1832年，亚伯拉罕·林肯失业了，这令他感到很难过，他下定决心要成为政治家，去当一名州议员。但是，糟糕的是，他在竞选中失败了，在短短的一年里，林肯遭受了两次打击，这对他而言无疑是痛苦的。接着，林肯开始自己创业，当即开办了一家企业，可是还不到一年，这家企业倒闭了，在这之后的17年里，林肯都在为偿还企业欠下的债务而奔波劳累。不久之后，林肯又一次参加竞选州议员，这次他成功了，在林肯内心深处有了一线希望，他认为自己的生活有了转机，心想：可能我就可以成功了。

然而，人生的逆境好像永远没有结束的那一天。1835年，亚伯拉罕·林肯与漂亮的未婚妻订婚了，但离结婚的日子还差几个月的时候，未婚妻却不幸去世，林肯心力交瘁，几个月卧床不起，没过多久，他就患上了精神衰弱症。1838年，林肯觉得自己身体好了些，他决定竞选州议会议长。但是，在这次竞选中他又失败了。再接再厉的精神鼓舞着林肯。1843年，林肯参加竞选美国国会议员，这次他所面临的依旧是失败。但是，林肯却一直没有放弃，他并没有说："要是失败会怎样？"1846年，林肯参加竞选国会议员，这次他终于当选了，但两年任期过去，林肯面临着又一次落选。不过，林肯并没有服输，1854年，他竞选参议员，但失败了，两年之后他竞选美国副总统，但是却被对手打败，两年之后他再一次参加竞选，但还是失败了。无数的失败并没有让林肯放弃自己的追求，1860年，亚伯拉罕·林肯当选为美国总统。

回看林肯的一生，似乎全是逆境中的生存。但是，在任何时候，林肯都没有放弃过，他始终怀抱着必胜的希望。虽然，与逆境相抗的过程给我们带来了压力和痛苦，但是，这些难忘的经历却有可能让我们赢得成功。

魏尔伦说："希望犹如日光，两者皆以光明取胜。前者是荒芜之心的神圣美梦，后者使泥水浮现耀眼的金光。"要知道，每一个明天都是希望，无论自己身陷怎么样的逆境，都不应该感到绝望，因为我们还有许多个明天。只要未来有希望，人的意志就不容易被摧垮，前途比现实重要，希望比现在重要，人生不能没有希望。

阿坚为老板做事。有一次，阿坚在擦桌子时不小心碰碎了老板一只非常珍贵的花瓶。老板向阿坚索赔，阿坚哪里能赔得起。最后被逼无奈，只好去教堂向神父讨主意。神父说："听说有一种能将破碎的花瓶粘起来的技术，你不如去学这种技术，只要将老板的花瓶粘得完好如初，不就可以了。"

阿坚听了直摇头，说："哪里会有这样神奇的技术？将一个破花瓶粘得完好如初，这是不可能的。"神父说："这样吧，教堂后面有个石壁，上帝就待在那里，只要你对着石壁大声说话，上帝就会答应你的。"

于是，阿坚来到石壁前，对石壁说："上帝请您帮助我，只要您帮助我，我相信我能将花瓶粘好。"话音刚落，上帝就回答了他："能将花瓶粘好，能将花瓶粘好……"

阿坚听后希望倍增、信心百倍，于是辞别神父，去学粘花瓶的技术去了。一年以后，阿坚终于掌握了将破花瓶粘得天衣无缝的本领。他真的将那只破花瓶粘得像没破碎时一般，还给了老板。

难道真的是上帝回答了他吗？其实，他想要感谢的是他自己，那块石壁只不过是一块回音壁，他所听到的上帝的回答，其实就是他自己的声音。只要心中的信念在，希望就在。许多人陷入了逆境，总是悲观绝望，给自己增加很大的压力。

事实上，逆境是另一种希望的开始，它往往预示着美好的明天。你只需要告诉自己：希望是无处不在的。那么，再大的困难也会变得渺小，再糟糕的处境也会有所好转。

心灵物语

只要你心存希望，你就永远不会有绝望。生活中，每个人在某个时刻都会面临绝境，但它往往并不是真正的生命绝境，而是一种精神和信念的绝境。只要你的精神不倒，心存希望，即使在绝境中，也能寻找到希望之花。

淡定于心，从容于行

拿得起，放得下，既来之，则安之。

生活中，可谓是人间百相：有的人晋升了职位就欣喜若狂，但若是在竞争了败下阵来则会捶胸顿足，好像失去了一切。于是乎，生活就像是起伏不定的群山一样，无法像一条小溪，悠远流长。对于生活中的荣辱、金钱、地位，要说自己真的不在乎，那是不可能的，毕竟，人生在世，这些是你人生中所追求的一部分。但是，很多时候，若是你太在乎，你将会把自己置于痛苦之境。

即使在乎，你更需要懂得淡定，荣辱不惊，花开花落，只是一种人生境遇，你又何苦自寻烦恼呢？淡定是一种生活的态度，更是一种阳光的心境，它会帮助你拨开头顶的乌云。繁华落尽不过是一纸苍凉，灯红酒绿之后不过是漆黑的夜晚。所以，怀着一颗淡定从容的心来面对生活中的得与失，来面对漫漫人生路上的失败与成功。

在宁波与温州之间有个地方叫台州，台州里有个地方谓之黄岩，据说那里生活着一群从容淡定的黄岩女子。

黄岩女子给人的印象总是不冷不热，不温不火，淡定的谈吐，得体的衣饰，就如同飘忽在黄岩天空的云，云淡且风清。黄岩女子喜欢过安逸的小日子，黄岩是个富庶的地方，所以造就了她们“民静而安，素朴而俭”的生活态度。她们善良本分，内心平静，感情细腻踏实，不会好高骛远，更趋向于追求一种恬静的生活。也许，她们的眼界不太开阔，心思也不太活络，有点世故但不令人讨厌，有点拼劲但不会拼命。黄岩女子很会过日子，她们看上去可能不够干练，也可能不够精明，但这却使得没有心计的她们反而把简单的生活过出独特的味道。

她们已经把从容淡定作为一种生活态度，淡定地面对喧嚣的尘世，活出自己的精彩，活出真实的自我。“春卧小楼听夜雨，夏临清池赏新荷。不以秋悲伤怀，不以冬寒蚀志”，如此简单地活着，善良、纯真、坦率地活着，细细品味人生的况味，享受人生的乐趣。

淡定是一种阳光的心态，即使面对致命的诱惑，也能以平和、不急不躁、不卑不亢的心态来面对，浅尝生命的酒酿，忘记心中的烦恼。心境淡定从容，不以物喜，不以己悲，心境永远不会因人生境遇而大起大落。

那一年金融海啸，他辛辛苦苦，花了二十年经营的公司倒下了。整整一个晚上，他没有睡觉，只是一根接着一根地抽着烟。他想起了很多事情：想起了儿时告别家乡独自一个人外出的情景，想起了自己寄人篱下的辛酸，想起了自己获得人生第一桶金时的喜悦，想起了自己创办公司那天的灿烂阳光……

苦想了那么多，他百思不得其解，为什么那么辛苦创办的公司会在一夜之间化为乌有？早晨，第一缕阳光照进屋里的时候，他想起了老母亲，想起了母亲经常对自己说的一句话：“阿强，命里有时终须有，命里无时莫强求，对自己，不要太苛刻了。”一瞬间，他想明白了，既然失去了那就失去了吧，任何的抱怨、痛苦都无济于事。

那天早上，他笑容满面地遣散了公司员工，大家都担心地看着他，他很安静，反而安慰下属说："没事，当年我也是一无所有，其实，我不是不在乎公司的失去。但是，我知道，我做任何事情也挽回不了，不妨淡定一些，这样，我的心里也会好过一些。"

人生道路上有鲜花、有掌声，有多少人能等闲视之；人生路上也有坎坷泥泞、有满地荆棘，又有多少人能以平常心视之。"荣辱不惊，闲看庭前花开花落；去留无意，漫随天外云卷云舒。"对于人生中的种种，我们要拿得起、放得下，既来之，则安之，保持淡定的心态，一花一草便可以是一个世界。

对于人生中的幸福安乐，荣华富贵，能够看得淡，看得透，能够出乎其中、出乎其外，不痴迷于其中。保持淡定的心，那些人生境遇对你来说不过是过眼云烟。纵然岁月无情地流逝，即使青丝已经变成了白发，从容淡定的人却总能够寻找出生活的乐趣，总是会发现生活不经意飘逸的美。

心灵物语

心境淡定，不要为自己的平凡而叹息；心境淡定，不要为了争强好胜而绞尽脑汁。也许，我们已经经历了一次又一次的悲痛，在人生的路途上一次又一次地遭遇挫折与困难，但是，淡定的心境让我们依然能够微笑面对生活，依然从容淡定地看这个世界的"花开花落""云卷云舒"。

第02章
幸福物语，在于珍惜拥有

人往往是奇怪的，矛盾的，直到自己失去拥有的东西时，方认识到其珍贵。曾经的朝夕相处不觉得重要，一旦离开了，想起的却全是过去的点点滴滴。无论拥有什么，又失去什么，都已无法挽回，唯有此时此刻才是真的。

努力之后，别惧怕失去

别害怕失去，正在属于你的永远不会错过。

生活中，我们对于有些事物往往是等到失去时才觉得弥足珍贵，从而觉得遗憾，遗憾是因为失去的东西对自己很重要，那是自己努力争取过的，越是觉得惋惜越是说明东西的重要性。不过，遗憾也是无济于事，因为世事难料，所谓“塞翁失马，焉知非福”，对于那些争取过的东西，我们不应该害怕失去。当然，失去意味着结束，对已成定局的事情做无谓的挽留或争取，那不过是在浪费自己的时间和精力，这是很愚蠢的，也是没有任何意义的。如果失去了，就应该让这件事告一段落，而不是处处较真，总是纠结在失去的痛苦之中。在失去之后，我们应该及时调整自己的心态，及时总结，汲取教训，以免在以后的生活中出现类似的问题，从而使自己得到成长。

不要害怕失去，因为我们所拥有的一切都将失去；不要担心未来，所有属于你的都会出现。当我们已经竭尽全力，努力争取过，那就不要害怕失去，自信、坚强、勇敢是洒在你心田的阳光。我们的祖先留下来一句老话：“旧的不去，新的不来。”这是很有道理的，正因为失去了，我们才会去努力，使自己重新拥有更好的，这样社会才会进步。对我们而言，有些东西在冥冥之中是注定的，是你的终究是你的，不是你的就算你得到了还是会离你而去，只要我们努力过，争取过，那就不要后悔。因此，一旦失去了就不要较真，不要强求，凡事随缘，这样自己也就不会太累。

老周是中学里一名优秀的老师，风趣幽默，博学多才，深得学生们的喜欢。照理说，这样一份稳定的工作，应该算是可以了。但老周并不这样想，想到家里拮据的生活，以及总是穿着朴素的妻子，他就觉得心酸，他觉得，一个大男人不应该让妻儿过这样的生活。“教师”这个职业，真的像某些人说的那样，吃得饱，不饿着，但永远也只能维持这样的水平，富不了，饿不死。老周眼看着身边的同学都下海经商了，他眼红了，谁不想过好日子呢？老周觉得，自己也可以去尝试一下。

说干就干，老周办了停薪留职手续，因为目前学校正进行人事调动，大家都觉得老周会成为学校领导班子的一员，却没想到他在这时候办停薪留职。但老周只是笑笑："没事，万一海里不好混，我就还是上岸来。"大家都笑了。

老周拿了家里的全部积蓄，通过朋友的介绍，南下广州做小生意。殊不知，商海并不如学校那样安静，对于经常研究教学的老周而言，商海确实比较复杂，人心叵测，尔虞我诈，这让老周感到很疲惫。这个世界是怎么了？怎么人们全部变成了这样子呢？虽然经常会有这样的感叹，但老周还是努力去做生意，可他好像天生就不是做生意的材料，不是投资失败，就是血本无归。

两年过去了，老周还是一贫如洗，而且积蓄也没有了，他只好灰溜溜地回到了家里。闭门待了一个星期，老周想通了，自己努力了，争取了，即便做不成生意，损失了钱财又怎么样呢？那至少证明自己原来并不适合做生意，这样想着，老周决定重新回到学校做老师。

回到学校，老周还是一名普通的老师，当年跟自己同一个水平的同事都成为了领导。一时之间，老周领悟了得失的奥秘。朋友纷纷为老周当年的冒失"下海"感到惋惜，更为现在的状况感到担忧，但老周却说："没事，凡事争取过，努力过，即便是失去了，我就不会后悔了。"

对于未来的美好的生活，老周敢于去争取，敢于去努力，即便这个环境与自己的个性格格不入，他也会努力把事情做好。虽然，他做生意最终失败了，等自己回到学校的时候，才发现身边的同事已经成为自己的领导，但在得失之间变得从容的他并不觉得后悔，更不会有遗憾。他觉得，凡事只要自己争取过了，努力过了，即便最后失去了，经历的过程也是很有价值的。

不论失去的对我们是多么的重要，那都是已经失去的，过去已经成为历史，而这些都是无法更改的。有些事物失去并不可怕，可怕的是人失去自我，失去信心。当我们面临失去，面临困难和挫折的时候，我们要相信阳光总在风雨之后。人生会面临无数次的取舍，请不要害怕失去，只要我们把握现在，着眼未来，只要心中怀着希望，那明天就一定会更好。

心灵物语

当我们总为失去难过的时候，那是因为我们舍不得失去，我们总在为失去而后悔、惋惜、痛苦，但即便是这样，又能怎么样呢？难道后悔和惋惜可以让我们重新获得那些失去的东西吗？当然不能，因此，与其为失去而痛苦，不如为新的开始而努力。

越是在乎，越容易失去

世间万事就像沙粒，握得越紧溜得越快。

世间万事就像沙粒，握得越紧溜得越快，漫不经心中，它会悄悄地溜走。生活中，许多事情是不能强求的，当我们极力渴望某种东西的时候，你越有可能我们就越容易失去。其实，对于世界的万物，我们的得失是一种缘，这是一种淡然、从容的缘，不能着急，不能较真，越是握得紧，越容易失去。当我们获得了某件心爱的东西，可以说这是幸运的，不管最后的结局怎么样，我们的心都是跳跃的。这些东西能够伴随我们一生当然是最好的，如果失去了，虽然你为失去而伤心、落泪、心碎，但毕竟自己拥有过，曾经得到过。想想自己在过去获得时的那段快乐时光，现在虽然我们失去了，但那些快乐的记忆依然在我们的心中，这难道不也是一件快乐的事情吗？

生活中的得失是一种必然，获得了，应该快乐；失去了，也不要因此觉得痛苦。一件东西，当我们握得太紧，容易伤害到这件东西本身，同时，还容易让它从我们的指缝间溜走。当我们越是在乎一件东西的时候，就越有可能容易失去这件东西，这也是必然的，这就好像手心中的沙粒。反之，如果你将手摊开，将沙粒平放在手心，你会发现，那些调皮的沙粒可以安静地躺在那里，一动不动，它们不会溜走，也不会逃跑。

安安在大学的时候，就梦想着成为一名演员。当然，她并不是在北影，也不是在北京戏剧学院，她所上的是一所与表演无关的普通大学。她整天拿着小说，幻想着自己有一天能在大屏幕上扮演不同的角色，说着不同的台词。偶尔只有自己一个人的时候，她还会自言自语，自编自演。朋友都说："安安，你疯了吗？"安安只是笑着，这是自己一生的梦想，是不允许别人嘲笑的。

其实，安安长得很漂亮，属于那种让人看了眼前一亮的女孩，如果在大街上偶遇哪个星探，她是有可能成为明星的。不过，这都只是假设而已，即便自己的梦想远得什么都看不见，但她从未放弃过自己的梦想。

大学毕业后，安安去了北京，她听说，王宝强就是在北京电影学院门口排队当群众演员时被发掘的。说不定自己也有这样的好运呢？于是，安安每天都到那里排队，希望自己能在大屏幕中露个脸。但几个月过去了，安安还是安安，认识她的人寥寥可数。有一天早上，就在安安打算横穿马路去北京电影学院门口的时候，一辆小轿车不知道从哪里冒了出来，来不及紧急刹车，安安被车门挂倒在地。安安站起来，就看见黑色玻璃里，自己那张带着血的脸，她惊叫一声，晕倒在地。

所幸的是，安安的伤并不无碍，只是脸上多了一道疤痕。拿着镜子，安安想：难道自己来北京的目的就是这个吗？那个自己握得紧紧的梦想，一下子就消失了，想到这里，安安忍不住流下眼泪。哭了一个月，安安振作起来了，她开始到处投简历，找工作，日子在忙碌中一天天过去，她早忘记了自己来北京的最初目的了。

如今，安安已经是某杂志社的总编了，她的照片经常会上报纸，看上去，还是那么漂亮，多的只是成熟和睿智。偶尔看着自己的照片，想想过去曾经那个抓得紧紧的梦想，安安才想到一句话：有些事情就好像手中的沙粒，握得越紧，越容易失去。

有时候，当我们要得到什么时，就誓不罢休，那也许在追逐的过程中，我们就会失去。人生中的许多际遇是无法强求的，有可能在街角的某处，我们会遇到人生中的大贵人，也有可能在我们获得宝贵东西的那一刻，突然之间失去了，这些都是很有可能发生的。

当我们极力渴望得到一件东西的时候，就会很在乎这件东西的得失，可是有时候越是在乎越容易失去，越容易让自己痛苦。手中的沙粒越去抓紧越容易流下来，最后只剩下少之又少的尘埃。世间万物皆是如此，对于自己渴望获得的东西，不要太过在乎，而是需要怀着淡然从容的心态，这样我们才能如愿得到自己想得到的东西。

一个人需要自由的空间，万事万物亦是如此，当我们以坦然的心境对待，对心爱的东西不要紧握，给予它以自由呼吸的空间，那缘会伴随着我们，我们也不容易失去心爱的东西。越在乎，越容易失去。因为太过于在乎，我们总是患得患失，我们花了大量的时间和精力来纠结于在乎的痛苦中，结果，不知不觉间，那些东西已经离我们而去。而且，因为太过在乎，若是失去了，心灵必然承受不住失去之痛，这对我们的人生何尝不是一次打击？

心灵物语

生活本来就是聚散无常。世道本来就是跌宕起伏，在得意时，好事如潮涨；失意时，皆似花落去，不要把自己的得失看得太重，不管是获得，还是失去，这都是我们生命中不可缺少的一部分，我们应该坦然面对。

活在当下，享受生活

不念过去，不畏将来，只活在当下。

如果你希望自己的一生能生活得十分快乐，那么就要学会活在当下，那样才会活得自在。你要分清楚过去和现在。你的过去只会对现在产生影响，如果你被困在过去的阴影中，你就不可能快乐地生活在今天。也许，对过去和未来的某些思考虽然是有益的，但是花费太多的时间去反省过去，计划未来，这其实是在浪费时间。因为生活本身只有在此时此地，才能充分享受生活。我们不是否认过去，但是也不能沉溺过去，只有关注现在，我们才能活得更像是自己，才能发挥我们的聪明才智，生活才能更加的真实和精彩。

一个快乐的计划，那就是“只为今天，活在当下”。根据快乐的原则，制定了一个快乐的计划，就是只为今天而活。今天的生活，你就应该放下过去的烦恼、舍弃未来的忧思，而是把自己所有的精力投入到今天的生活中，因为过去的已经过去了，而未来的还很遥远，所有今天才是应该抓住的机会。如果你是生活在过去或者未来的人，那么你现在要学会快乐地生活，那就是活在当下，只为今天而活。把你对昨天怀念或者对明天幻想的时间都用在今天，如果今天遭遇了困难，那么就要努力地克服；如果你今天遇到了喜悦的事情，那么就敞开胸怀高兴。

威廉·奥斯勒年轻的时候，曾经是蒙特瑞综合医院的一名医科学生。他在那里学医的有一段时间里，对自己的生活充满了忧虑，不知道怎样才能通过眼下的期末考试，也不知道将来会在什么地方，创立什么样的事业，更不知道明天该怎么去生活。他整天为这些事情担忧着，无心自己的学业。偶然一次，他无意间在一本书上看见了这样一句话：“对我们大家来说，生活中最重要的事情不是遥望将来，而是动手理清自己手边实实在在的事。”正是从书上看到的这句话，改变了这位年轻的医科学生，使他后来成为了最有名的医学家，创建了举世闻名的约翰·霍普金斯医学院，并成为了牛津大学医学院的钦定讲座教授，那可是学医的英国人所能获得的最高荣誉。

后来，威廉·奥斯勒爵士给耶鲁大学的学生作了一次演讲，他说：“像我这样一个曾在四所大学当过教授，撰写过畅销书的人，大家以为我会有‘特殊的头脑’。但是事实并非如此，我的朋友都知道，我的脑袋是再普通不过的了。”

有人问他：“那你的成功秘诀是什么呢？”威廉·奥斯勒爵士认为：“我之所以能够成功，是因为我活在完全独立的今天。”

奥斯勒爵士的话并不是让我们不要为明天而下工夫做准备，而最好的办法，就是尽自己最大的努力，把今天的工作做到完美无缺，这才是应对未来唯一可靠的方法。奥斯勒把每一天都当作是完全独立的，他不会沉溺在过去，也不会为未来忧虑，所以他能够信心满满地应对今天的事情。生活对于他，每一天都是快乐的，每一天都是自由自在的，所以最后他能够取得在医学上的瞩目的成就。

美国著名总统林肯曾经说过：“大部分的人只要下定决心都能很快乐”。每个人的快乐不是来自外在的，而是来自内心的。如果只要在每一天保持快乐的心态，活在当下，你就会获得自由自在的快乐。人为什么会忧虑？那都是因为沉溺在痛苦的过去，焦虑不可知的未来。如果一个人能够在心里抛下昨天和明天，只是展望今天，那么你心里的压力和负担就不会那么沉重。你就可以以自己轻松的心情来面对今天的困难或愉悦，那么你就觉得你的每一天都是快乐的。

心灵物语

幸福的人要学会用快乐的心态来面对每一天，把“活在当下，活得自在”当作自己的座右铭。让自己去适应一切，而不是试着调整一切来适应自己的欲望；活在当下，就要保持自己的身体健康，珍惜自己；在每一天加强自己的思想，学习一些有用的东西；试着只考虑怎么度过今天，而不是把自己一生的问题都在一次解决。

每天醒来，迎接全新的自己

生命的真谛就在于把每一天都当作新的一天来度过。

当你早上睁开眼睛，就看见外面明媚的阳光是那么的灿烂美丽，再呼吸一下新鲜空气，整个人都是清爽的，整个人都充满了精神。也许并不是每一天你都能感受到大自然的美好，但是日落之后，黎明到来，那就是新的一天开始了。有人说：“当我看到太阳从地平线上升起来时，就知道这又是崭新的一天了”。聪明人，要把每一天都当成一个新的开始。昨天无论多么的困难，毕竟都已经过去了，从每一天黎明之时，你开始新的生活。每天都是一个新的开始，当你这么想的时候，你已经精神百倍地去开始今天的生活了。

把每天当作新生，“生活中的每一个人，在任何一个瞬间，都可能站在两个永恒的交汇点上，但是这一点已经永远地成为了过去并延伸到无穷的未来”。所以我们不可能生活在两个永恒的中间，连一秒的持续时间也没有。如果你总是停留在过去的阴影里，就会摧垮你的身体和精神。所以，我们能够做的就是把每一天都当作新生，并为活在这一刻而自豪。罗勃·史蒂文生写道：“从现在一直到我们上床，不论任务有多重，我们每个人都能支持到夜晚的降临，无论工作多么艰苦，每个人都能做自己当天的工作，都能很开心、很纯洁、很有爱心地活到日落西山，这就是生命的真谛。”生命的真谛就在于把每一天都当作新的一天来度过，这样你才会把自己所有的时间和热情都放在今天，让你的生命焕发出无限的潜力。

薛尔德太太住在密歇根州沙支那城，她以前是靠推销《世界百科全书》之类的书籍生活，后来因为有了自己的家庭便辞去了工作，那时候日子虽然不富足但是也过得很安乐。但是很快，她安逸的生活就陷入了苦难。在1937年，她的丈夫死了，她自己几乎身无分文，这令她非常恐慌。那段时间，她的精神极度颓废、崩溃，甚至差点自杀。后来，她给以前的老板奥罗区先生写信，请求他能让自己做回以前的工作。于是，她四处借钱凑足了分期付款的钱买了一辆旧车，她又开始重新推销那些书籍，以此为生。

薛尔德太太希望能够通过繁忙的工作来抵消自己的颓废和不安，可是她很快发现不行。毕竟她的丈夫已经不在了。只有她一个人驾车，一个人做饭吃，一个人生活，这所有的一切都令她无法承受。而她的工作也带给自己一些困扰，有些地方根本就卖不出去书，所以业绩不太好，虽然她买车的钱不是很多，但是对于她来说还是很难凑齐。她每天的心情都很沮丧，对生活也没有什么希望，她甚至绝望得差点自杀。

有一天，她读到了一篇文章，就是那篇文章中的一句话让她活了下来：“对一个聪明人来说，每天都是一个新人生。”这句话令她精神振奋，于是，她把这句话打印出来，贴在汽车前面的挡风玻璃上，为的就是自己开车的时候就能随时看见它。薛尔德太太发现每次只活一天一点都不难。就这样，她摆脱了孤寂和恐慌，她变得很快乐，工作业绩也上去了。

薛尔德太太正是把每一天都看作是新生的，所以她能够在每一天里忘记过去，不想将来，只是关注着正在活着的这一天。所有她能够很快摆脱自己过去的恐慌心情，而变得十分的快乐，这样自己工作起来也很有精神。不管昨天有多么糟糕，但是毕竟已经度过了昨天，新的一天就应该忘记充满痛苦的昨天，带着新的心情开始新的一天。你就会发现，每次只活一天是多么容易的事情。

人最可悲的就是，无视窗外在悄悄绽放的玫瑰，而去梦想着天边奇幻的玫瑰园。如果你总是怀着一些悲伤的、孤寂的心情去度过一天，那么你就会什么事情都做不好，反而内心的恐慌会变本加厉地折磨你，你会日渐消沉，陷入人生的黑暗。无论你在生活中遇到了什么，都不要害怕，因为你每天只需要活好每一天。

心灵物语

随时保持一份乐观的心情，记住每一天都是一个新的开始，不要沉浸在昨天的回忆中。新的一天，就要用尽全身的力气去表现，把自己最美丽的一面展示出来，让自己的每一天都充满精彩和欢乐。

自己拥有的，并不比别人少

害怕失去，却始终没学会珍惜。

有人说：“世间最珍贵的是‘得不到’和‘已失去’。”人们用尽了一辈子去验证这句话，可到了迟暮之年，他们才发现：原来，世间最珍贵的不是‘得不到’和‘已失去’，而是现在能把握的幸福。流年似水，人生苦短，世界上的许多人，固执地为了追求自己得不到或已经失去的东西，而放弃了眼前唾手可得的幸福，这是多么不值得啊？

孟子曰："鱼，我所欲也；熊掌，亦我所欲也。二者不可得兼，舍鱼而取熊掌者也。生，亦我所欲也；义，亦我所欲也。二者不可得兼，舍生而取义者也。"人生漫漫路上，我们总是面对着得与失的艰难抉择，得与失就如同一对生死兄弟，我们只能选择其一，有得必有失，有失必有得，这就是哲理所在。其实，在很多时候，我们没有必要去计较得失，只要你怀着一颗感恩的心，珍惜眼前的生活，那么，你将获得更多。

有一个朋友，婚姻已经走过了十个年头了，其间经过的磕磕绊绊风风雨雨自然是不必提，多少次横眉冷对，多少次咬牙切齿，多少次都在怀疑能否并肩到最后。

有一次，夫妻两人在路上意外遭遇车祸处理现场，由于货车司机疲劳驾驶，汽车冲进了路旁的山沟里，满车的货物碎成了一堆残片，而驾驶室里的三个人已经血肉模糊，甚至无法看清容颜。这起车祸发生了六个多小时，死者的身份依旧无法确认。

忽然之间，夫妻俩有了醒悟：平日争吵的内容无外乎都是一些鸡毛蒜皮的小事，而造成的结果却是互相埋怨，甚至是恶毒的咒骂。见了如此惨景，难道自己不该庆幸自己还活着吗？不该庆幸自己有一个温馨的家庭吗？难道不应该互相珍惜吗？

从此以后，依然清贫的小家却充满了欢声笑语。

世事变幻风云莫测，祸福旦夕，谁也无法预测，唯有珍惜眼前拥有的幸福。如果你常常抱怨自己失去得太多，那么，不妨豁达一些，珍惜眼前，你就会发现：自己拥有的，并不比别人少。

人的幸福感永远都是在比较中存在的，幸福通常是感觉不到的，而我们感觉到的常常是不幸福。一个人可以健康地呼吸，他会认为这是最自然的事情，但是，忽然有一天，他生病了，才明白自由的呼吸是一件多么幸福的事情。其实，他没有得到什么，也没有失去什么，但是，经历过之后往往会更懂得珍惜眼前的生活以及自己所拥有的一切。

一个学生向苏格拉底请教，世界上什么东西最宝贵。苏格拉底没有直接回答，他领着他去访问了一个在河边晒太阳的人。年轻人向老人提出了同样的问题，老人颤颤巍巍地站了起来，羡慕地盯着年轻人容光焕发的脸庞说：“在我看来，世间再没有什么东西比青春更宝贵了。瞧，你拥有青春多么好！可惜，青春对每个人来说只有一次，我不可能再拥有它了！”

他们一路访问下去，那些拥有权力的人渴望友情，精神压抑的人渴望快乐，门庭若市的人渴望宁静。人们的回答尽管各不相同，但有一点却是很相似：那些最宝贵的东西，都是已经失去和即将失去的东西。

这时，苏格拉底说：“孩子，世界上的许多东西其实都是十分宝贵的。当我们拥有它的时候浑然不觉，而一旦失去它，便感到它的宝贵了。所以，我们应该学会珍惜，珍惜我们的拥有。”

学会珍惜，这四个看似简单的字，组合在一起，却变成了一个意义涵广的话题。大海广阔无垠，因为它珍惜每一条小溪；群山连绵巍峨，因为它珍惜每一块砾石；树叶繁荣枝茂，因为它珍惜每一缕阳光。人生在世，有许多需要珍惜的东西。但是，人们往往在拥有时不懂得珍惜，在失去之后，才会想到珍惜，但却为时已晚。

朋友最喜欢木棉花，因为它有美好的花语——珍惜眼前的幸福。身患重病的人会觉得健康是一种幸福，骨肉分离的人会觉得合家团聚是一种幸福。许多在雨夜中赶路被淋得浑身湿透的人都有过这样的感受，当他走进一家亮着灯的小店铺时，一碗热汤给人的幸福感往往是刻骨铭心的。为什么一定要等到失去才学会珍惜呢？人生总有得失，我们需要学会珍惜，懂得珍惜，这样才会使我们的生活多几分甜美，少几分遗憾，多几分幸福，少一些痛悔。

心灵物语

在生活中，我们经常会感到到健康、自由、亲情、友情，这些都是极大的幸福，但是，我们在拥有它们的时候，并不知道珍惜。由于内心欲望的驱使，使得我们想获得更多的东西，其实，我们得到的已经很多，只是不懂得珍惜而已。

第03章
心灵松绑，拨开天空迷雾

对每个人而言，眼前的迷雾并不可怕，可怕的是心中充满迷雾。当一个人自欺欺人成为习惯，人生势必会成为一团迷雾，再也认不清前进的方向。所以，很多时候，我们最需要的还是拨开心灵的迷雾。

过于执着，就会变成固执

人生无须过于执着，尽人事安天命而已。

在很多时候，过分执着并不是一个好品质。它就像是一个魔咒，一点点地禁锢着我们的身心，似乎我们不朝着之前的方向继续下去就对不起良心。执着本身是一种可贵的品质，但凡事都有一定的限度，“执着”也是一样，适当的执着会体现出我们个人的魅力，同时也可以让问题变得更简单一点。但过于执着则会不自觉地将自己的身心束缚，我们总是放不下，总是不愿意放弃，只是固执地朝着一个方向前进，不管前面是康庄大道，还是死胡同，甚至，这样的坚持是无谓的，如果我们最终闯入的不过是死胡同，这样执着的后果也是可悲的。

虽然，对生活执着，是一种坚定的信念；对工作执着，是一种精神寄托；对爱情执着，是一种人生的美丽。但若是应该放弃时不放手，就会使自己不堪负重，活得很累，甚至有可能走向另外一种悲惨的结局，同时也让自己身心疲惫。

生活中，有的人活得像小河里的溪水，虽然平静无波，却有顽强的生命力和战斗力，它能够经受暴风骤雨的侵害，也可以坦然面对夏日骄阳的炙烤，它从来不在乎世界会有那么多的变化。一个人活着也是一样，人要有信念，但不能过分执着，不能与生命较真，不妨学会顺其自然，对生命中的意外和阻挠不必过于强求，也许，这样方能阻止自己生命的脚步过快地到达终点。

王大爷年轻时是村里的干部，后来因为计划生育他被迫离职了，离职的时候，他已经快五十了，在那一瞬间，他觉得生活好像没有了希望，他一直不肯承认自己竟然变成了跟隔壁大婶一样的普通百姓，他觉得自己还是支部书记。当然，他将这种执着的心态放在心里，他经常会去政府与上级领导说话，说自己的苦闷，说自己的无所事事，说自己的孩子上学没学费，希望领导能给自己解决。领导无奈："你现在已经离职了，不是干部了，这些事情你自己能解决的就自己解决，自己不能解决的，就找你们村里的干部。"王大爷固执地说："我不相信他们，我只相信我自己当干部的能力。"王大爷每次都去政府闹，刚开始大家还看在他是老干部的分上跟他聊聊，但时间长了，大家都清楚了他的脾性，晓得他很执着，就能躲就躲，能避就避。

在平时生活中，王大爷总是对自己被迫离职的事情耿耿于怀，十分较真，他在家里动不动就说："如果我现在还是村里的干部，那村里现在肯定不是这样子。"家里人都开始厌烦他的唠叨了，老伴没好气地说："你在执着什么？你现在已经是平民百姓了，就应该是百姓的样子，有什么放不下的，有什么解不开的心结？简直是自己折磨自己。"其实，王大爷确实陷入了一个怪圈，他越是执着于自己被迫离职的事情，他就越是痛苦，想想之前的辉煌日子，想想现在平凡的自己，越想越不是滋味，整日无所事事，搞得自己身心疲惫。

王大爷所放不下的是内心的执着，而不是其他，因此他总是觉得过得很痛苦。如果他真的放下了内心过分的执着，以正常的心态回归到一个平民的身份，他会觉得生活依然充满着阳光。有些事情既然已经发生了，毫无回旋的余地了，那我们就要学会接受，而不是太过于执着，过分执着只会让自己更加疲惫，不如放松身心，给自己一个舒适的心灵环境。

人生需要有信念，这样我们的生命才有前进的方向。但是，只有信念与自己合拍的时候，才能更好地发挥出引航员的作用。对此，在人生的路途中，我们要适时修葺自己的信念，让它与自己合拍，对于某些不切实际的想法，我们不应太较真，太执着，而是学会放弃，适时找到合适自己的人生信念，这样我们的生命才会更加绚丽灿烂。

如果我们希望与别人合作，并且自己已经明确地表达了意图，但对方却毫无回应，在这样的情况下，与其继续留下来攻坚，把时间花在啃掉这块硬骨头上，不如转身离去，把精力用来寻找新的目标。每个人做事都有自己的理由，放弃攻坚是对别人的尊重，这是一种明智的选择。大量事实表明，第一次不能成功的事情，以后成功的概率也是很小的，纠缠下去只会惹人厌烦，这样并没有太大的意义，与其把80%的精力耗在20%的希望上，不如以20%的精力去寻找新的目标，说不定还有80%的希望。

心灵物语

人的一生就好像花开花落，周而复始，没有什么花是永远不凋谢的，对待上天的安排，我们应该顺其自然，千万不能太过于执着，太较真是一种疼痛，一种心魔，它不断侵蚀我们内心简单的快乐，最后，我们只能身心疲惫地倒下。

生活，适合自己就好

你的生活别人不能复制，别人的生活也未必适合你。

有人说：“追求幸福的人分两种：一种是追求属于自己的幸福，一种是追求属于别人的幸福。”前者懂得定义属于自己的幸福，而后者只是追逐他人定义的幸福。在生活中，我们又何尝不是这样呢？有时候，我们生活得并不如意，若是问为什么，我们的回答却是：“我没有达到某种生活的标准。”我们总是听别人说，有了房子才有安全感，于是就为了别人所定义的“安全感”背上了十年、二十年的债务，节衣缩食，心不甘、情不愿地当起了房奴；我们总是听别人说，在高级餐厅里约会才是最浪漫的，于是我们就将这当成一种美好生活的向往，宁愿吃方便面也要勒紧裤带去潇洒一次；我们总是听别人说，没去过健身房就不够时尚前卫，于是我们就赶紧去健身房报名，学那些自己并不感兴趣的课程，只是为了达到别人所定义的“幸福生活”。

但那些生活真的属于自己吗？为什么即便我们达到了这样的生活标准还是不快乐呢？究其原因，在于我们与自己太较真，总是一味地追求那些不属于自己的生活，就好像我们穿着不合尺寸的衣服，不是嫌太大，就是嫌太难看。

我们的生活是过给自己的，而不是过给别人看的，别人生活的标准未必就真的适合自己。因为生活的幸福和快乐是属于自己内心的一种感觉，如果只是迎合别人的取向，难免会苦了自己。那些苦苦追求不属于自己生活的人，他们与自己的心灵对峙着，换而言之，他们总是与自己较真，越是不属于自己的，越是需要去尝试，在羡慕的过程中，他们浑然忘记了自己原本美好的生活，而是将别人的生活当成是自己生活的标准。

《伊索寓言》里记载了这样一个小故事：

一只来自城里的老鼠和一只来自乡下的老鼠是好朋友，有一天，乡下老鼠写信给城里的老鼠说："希望您能在丰收的季节到我的家里做客。"城里的老鼠接到信之后，高兴极了，便在约定的日子动身前往乡下。到了那里之后，乡下老鼠很热情，拿出了很多大麦和小麦，请城里的好朋友享用。看到这些平常的东西，城里的老鼠不以为然："你这样的生活太乏味了！还是到我家里去玩吧，我会拿很多美味佳肴好好招待你的。"听到这样的邀请，乡下老鼠动心了，就跟着城里老鼠进城去了。

到了城里，乡下老鼠大开眼界，城里有好多豪华、干净、冬暖夏凉的房子，看到这样的生活，它非常羡慕，想到自己在乡下从早到晚，都在农田上奔跑，看到的除了泥土还是泥土，冬天还在那么寒冷的雪地上搜集粮食，夏天更是热得难受，这样的生活跟城里老鼠比起来，自己真是太不幸了。

可是，到了家里，它们刚要爬到餐桌上享用各种美味可口的食物。突然，咣的一声，门开了。两只老鼠吓了一跳，飞也似的躲进墙脚的洞里，连大气也不敢出。乡下老鼠看到这样的势头，想了一会儿，对城里老鼠说："老兄，你每天活得这样辛苦简直太可怜了，我想还是乡下平静的生活比较好。"说罢，乡下老鼠就离开城市回乡下去了。

显而易见，这个故事的寓意在于：适合自己的生活方式并不一定适合别人，同样，适合别人的生活方式也不一定适合自己。因此，如果自己当下生活得还不错，那就过好属于自己的生活，而没有必要去追求别人定义的生活，我们应该明白，别人的快乐和幸福并不适用于自己。

我们总是向往着这样的生活：条件优秀的老公、可爱的孩子、宽大的房子、豪华的轿车、稳定的工作。在我们看来，似乎这样的生活才是最幸福快乐的，但这样的生活适合自己吗？较真，有时候就是自己的外在与内心互相对峙，明明这是心里不喜欢的，但却为了迎合别人的眼光，而刻意将自己的生活变得面目全非。所以，放下对别人生活羡慕嫉妒的眼光，放下内心的固执与较真，学会享受自己生活所带来的快乐与宁静。

稚拙的文字仔细品味却是大道理，生活也是因人而异的，我的生活在你眼里并不一定是好的，你的生活我也不一定认同。很多时候我们不快乐，那是因为我们总是与自己较真，没有按照自己喜欢的方式去生活，而是在不经意间迎合别人的要求，刻意改变，违背内心真实的想法，所以我们才会变得不快乐。所以，放下那些所谓的“标准意义的生活”，按照自己真实的想法去追求生活，我们应该记住，真正让自己快乐的是自己的内心而非别人的眼光。

卞之琳说：“你站在桥上看风景，看风景的人在楼上看你。”其深层含义在于，虽然我们每个人都把别人当作风景，其实，在别人眼中，自己又何尝不是一道美丽的风景呢？所以，学会对自己的生活释怀，因为属于自己的生活才是幸福快乐的生活。

放下重负，轻装前行

生命如舟，载不动太多的物欲和虚荣。

曾经有位哲人说：“当我们需要前行的时候，需要放下重负，让自己的心变得轻盈，这样才能更好地前行。”重负，有可能是我们心灵上的包袱，也有可能是我们肩膀上的负重，但不论是哪里存在的负担，都将阻碍我们继续前行，甚至会让我们身心疲惫不堪。在人生的道路上，有的人因为负荷太重而步履维艰，有的人因为欲壑难填而疲于奔命，有的人因为深陷悲痛之中而难以自拔。

如果你想要所走的每一步都充实而轻盈，那么，适时放下一些重负，让自己的人生变得轻盈，这何尝不是一个可行的办法。生命如舟，载不动太多的物欲和虚荣，假如你不想让这生命之舟搁浅或者沉没，那就应该放下重负，让自己轻松前行。

小宋从小就喜欢画画，拿着笔在墙上、报纸上涂画着五颜六色，妈妈看见了，就把他送到了美术班里学习。长大后的小宋更加喜欢绘画了，高考那年，他费尽口舌说服了妈妈，让自己报考美术学院。在大学里，小宋描画着自己人生的蓝图，他想坚持下去，通过画画挣钱来让妈妈幸福。

大学毕业后，小宋开始找工作了。他整天奔波于各家报社，希望能够成为报社的一名美术编辑，可是，各家报社的总编都以种种理由拒绝了他的求职申请。在多次碰壁之后，他绝望了，本来希望通过自己的一技之长来给妈妈幸福的生活，却发现社会根本没有自己的容身之地。在一连串的现实的残酷打击下，小宋愈加颓废了，妈妈心疼地说：“你既然那么喜欢画画，不如自己开一间画室吧。”小宋听了，心里很难受，当初是想通过找份工作继续自己的绘画创作，现在却需要自己的这份才华去养家糊口。这样一种矛盾的心情一直在纠结着，这让小宋觉得自己身上好像背负了一块大石头。

思索了很久，小宋决定放下心中的重负，自己开一间画室。于是，他向亲戚朋友借了十几万元钱，再加上妈妈的积蓄，他开了一间属于自己的画室，既教小朋友画画，又出售自己的作品。几年之后，小宋的画室成为了这个城市有名的美术培训学校，他不仅还清了所有的欠债，还拥有了自己的房子、车子和存款，当初给妈妈许下的承诺也实现了。他每天教画之余，用心地钻研绘画的技能，也逐渐提高了自己的绘画水平，在美术界里，也成为了小有名气的画家。

因此，对于绝大多数人而言，面对沉重的负荷，以及自己梦想得到的东西，他们无法放手，他们会本能地抓住那些东西，唯恐失去。如果真的失去了，他们就会为得不到而烦恼，郁郁寡欢。小宋适时放下心中的重负，既解决了眼前的生活问题，又为实现自己的梦想奠定了基础。

曾经有个人，他总埋怨生活的压力太大，生活的担子太重，压得他透不过气来。他觉得很累，他试图放下担子。他听人说，哲人柏拉图可以帮助别人解决问题。于是，他便去请教柏拉图。柏拉图听完了他的故事，给了他一个空篓子，说："背起这个篓子，朝山顶去。可你每走一步，必须捡起一块石头放进篓子里。等你到了山顶的时候，你自然会知道解救你自己的方法。去吧！去找寻你的答案吧。"于是，年轻人开始了他寻找答案的旅程！

刚上山时，他精力充沛，一路上蹦蹦跳跳，把自己认为最好的、最美的石头，都一个一个扔进篓子里。每扔进一个，便觉得自己拥有了一件世上最美丽的东西，很充实，很快乐。于是，他在欢笑嬉戏中走完了旅程的1/3。可是，空篓子里的东西慢慢多了起来，也渐渐重了起来。他开始感到，篓子在肩上越来越沉。但他很执着，仍一如既往地前进。

而最后1/3的旅程确实是让他吃尽了苦头。他已经无暇顾及那些世界上最美丽、最惹人怜爱的东西了。为了不让沉重的篓子变得更重，他毅然舍弃了这些，只是挑选了一些非常轻的、非常需要的或是必不可少的东西放进篓子。他深知，这样的舍弃是必要的。然而，无论他挑多轻的东西放入篓子，篓子的重量也丝毫不会减少，它只会加重，再加重，直到他无力承受。但最后，他还是背着篓子，艰难地走完了这最后1/3的旅程。

俗话说："远路无轻物。"在人生的道路上，如果我们需要负重前行，越行越远的时候，我们会感到举步维艰，虽然会抱怨自己怎么会选择了这么多东西，但还是不舍得放手。但直至终点，打开担子，我们才发现：那些曾经我们以为得不到的东西，现在对我们而言却是无用的东西。

有时候，心灵的重负才是真正阻碍我们前行的绊脚石，如果我们总是纠结于内心，无法放下某些欲望，那我们是难以保持轻松的姿态前行的。因此，不要纠结于自己的内心，让不堪重负的心灵变得轻盈起来。

心灵物语

曾经有位哲人说：当我们无法得到的时候，放下也是一种智慧。生活中需要我们坚持的东西太多，以至于我们承受不了现实给予我们的压力，那么不妨学会放下一些东西，这是一种生存的智慧。因为只有放下了某些东西，你才会重新得到一些东西。

别太苛求，生命的美在于真实

追求完美是人类正常的渴求，同时，却也是人类最大的悲哀。

追求完美，似乎是每一个人的梦想，在生活中，人们总是在追逐完美，在这样追逐的过程中，无数的烦恼困扰着他们，愤怒、生气，越是较真，越是觉得心很累。或许，在任何人的心中，完美都是一座圣殿，我们可以在内心里向往它、塑造它、赞美它，但是，我们却不能把它当作一种现实存在，这样只会让我们陷入无法自拔的矛盾之中。在某些时候，我们应该放下苛刻，别让自己被不真实的完美压垮。

一个人不能在自我怜悯中空虚地度日，最重要的是，我们不应该事事较真，而是要学会珍惜眼前的幸福。智者说："追求完美是人类正常的渴求，同时，却也是人类最大的悲哀。"我们应该放下内心的苛刻，放弃追逐完美的诉求，最终拥抱简单的快乐。

有个学生在课堂上向老师提问道："请问老师，您是否知道您自己呢？"老师心想：是呀，我是否知道我自己呢？他回答说："嗯，我回去后一定要好好观察、思考、了解自己的个性，自己的心灵。"

老师回到家里就拿来了一面镜子，仔细观察着自己的外貌、表情，然后来分析自己。首先，老师就看到了自己闪亮的秃顶，想："嗯，不错，莎士比亚就有个闪亮的秃顶。"随后，他看到了自己的鹰钩鼻，心想："嗯，大侦探福尔摩斯就有一个漂亮的鹰钩鼻，他可是世界级的聪明大师。"看到了自己的大长脸，就想："嗨！伟大的美国总统林肯就是一张大长脸。"看到了自己的小矮个子，就想："哈哈！拿破仑个子就很矮小，我也是同样矮小。"看到了自己的一双大撇撇脚，心想："呀，卓别林就是一双大撇撇脚！"

于是，第二天他这样告诉学生："古今国内外名人、伟人、聪明人的特点集于我一身，我是一个不同于一般的人，我将前途无量！"

或许，在别人看来，老师的长相既不出众，更算不上完美，但是，他很会欣赏自己。怀着这一份知足常乐的心态，他将自己身体的每个部分都与名人、伟人、智者扯上了关系，那么，即使自己的五官不是完美的，但是，自己一定也是一个前途无量的人。老师不再苛责，因此他收获了一份最简单的快乐。

一个失意的人找到了智者，他向智者诉说着自己的遭遇和无奈，哀叹道："为什么在我的生命里总是找不到绝对的完美呢？"智者沉思了许久，问道："可能是你自己对这个世界苛责太多，所以，烦恼才会找到你。"说完，智者舀起了一瓢水，问失意者："这水是什么形状？"失意者摇摇头："水哪有什么形状？"智者不语，只是将水倒入了杯中，失意者恍然大悟："我知道了，水的形状像杯子。"智者没有说话，又把杯子里的水倒入了旁边的花瓶，失意者悟然："我知道了，水的形状像花瓶。"智者摇摇头，轻轻拿起了花瓶，把水倒入了盛满沙土的盆里，水一下子溶进了沙土，不见了。智者低头抓起了一把沙土，叹道："看，水就这么消逝了，这也是人的一生。"失意者陷入了沉思，许久才说道："我知道了，你是通过水来告诉我，社会处处就像是一个个不规则的容器，人应该像水一样，盛进什么样的容器就成为什么形状的人。"

智者微笑着说："是这样，也不是这样，许多人都忘记了一个词语，那就是滴水穿石。"失意者大悟："我明白了，人可能被装于规则的容器，但也能像这小小的水滴，滴穿坚硬的石头，直至突破，我们要像水一样，能屈能伸，不能要求多么规则的容器，而是需要做到既要尽力适应环境，也要保持本色，活出自我。”智者点点头，说道：“当你不再较真，放下了心中的苛求，你会发现，任何事物都是完美的，自然，你也获得了久违的快乐。”

生活的快乐在于简单，生命的美丽在于真实，纵然有诸多缺憾，但是，它却是无法复制的、无与伦比的美丽。不必较真，不必苛求，没有必要去追求一些不真实的完美，因为美丽的事物总会伴随着一些缺憾。

追逐完美，本身就是一种苛责的生活态度，为了达到心中完美的目的，人们苛责自己、苛责他人，苛责一切的人和事。在现实生活中，所谓的“完美”终究伴随着缺憾，即使自己努力苛责，那些人和事依然达不到绝对的完美。在这个世界上，本来就没有绝对完美的事物，如果我们一味地将追求完美的茧一层一层地套在身上，那么，最终，我们也会窒息在这重重的包裹之中。

心灵物语

每个人的一生中总会经历不同的坎坷或挫折，没有一个人可以保证自己就是完美无瑕的。上帝对于每个人来说都是公平的，他给予了你一样东西，肯定会拿走另一样东西，关键是你如何去看待生命里的缺憾。

所有的关心，并不都是别有用心

那些习惯猜忌、猜疑心很重的人，整天疑心重重、无中生有，认为每个人都不可信、不可交往。由于现代社会的多元化，不知道在什么时候，信任已经变成了奢侈品，我们经常会看到一些因信任而上当受骗的例子，因此就连我们自己也不再愿意轻易地相信某个人了。不过，我们始终不能忘了，信任是我们生活中最不可少的一件事情，如果缺少了信任，我们的生活就失去了阳光，世间也会少了许多温暖。

当曹操刺杀董卓失败后，与陈宫一起逃至吕伯奢家里。由于曹吕两家是世交，吕伯奢见到曹操来了，就想杀一头猪款待他。但曹操一听到庄后有磨刀的声音，便怀疑人家要加害自己，一声“缚而杀之”，更让他深信不疑。于是，曹操不分青红皂白，不管男女，杀了吕伯奢一家大小。一直杀到厨房，发现被捆着等待挨刀的大肥猪，才知道自己错杀了好人。

尽管如此，曹操还是赶紧与陈宫急忙逃出庄外，正好路遇沽酒回来的吕伯奢，这时的曹操没有半点的愧疚之意，为了达到防止被追杀的目的，他竟然对自己父亲的结义金兰举起了带血的屠刀。

此外，曹操还有一大心病，他唯恐别人会趁自己睡觉时加害自己，于是，常常吩咐左右：“我梦中喜欢杀人，我睡着的时候大家不要靠近。”有一天，曹操在帐中睡觉，被子掉在了地上，一个侍卫过来帮曹操把被子盖好。曹操跳起来，拔剑杀了侍卫，又上床继续睡觉。醒来之后，曹操故意惊问道：“是谁杀了侍卫？”左右据实报道，曹操痛哭，命令大家厚葬侍卫。其实，曹操知道，自己是在有意识的状态下拔剑杀人的，但又唯恐因为猜忌，失天下人之心，可谓是欲盖弥彰。

曹操的疑心病伴随了他一生，在这个过程中，他自己也是痛苦不堪。他每天不断地猜忌，猜忌谁对自己不忠不敬，猜忌谁对自己有所企图，终日为猜忌所累，这才是疑心病给他带来的最大痛苦。

猜忌是人性的弱点之一，从古至今，那都是害人害己的祸根，是卑鄙灵魂的伙伴。一个人假如掉进了猜忌的陷阱，那必定会处处较真，神经过敏，对他人失去了信任，对自己也会心生疑窦。猜忌的人总是痛苦的，因为他不断在与自己较真，在这个过程中，他痛苦，甚至疯狂，那种纠结于内心的痛苦是旁人无法体会的。

一艘货轮在大西洋上行驶，突然，一个黑人小孩不慎掉进了波涛滚滚的大西洋。孩子大喊救命，无奈风大浪急，船上的人谁也听不见，他眼睁睁地看着货轮拖着浪花越走越远。求生的本能使得孩子在冰冷的海水里拼命挣扎，他用尽全身的力气挥动着瘦小的双臂，努力让自己的头伸出水面，睁大眼睛盯着轮船远去的方向。

船越走越远，船身越来越小，到最后，什么都看不见了，只剩下一望无际的大西洋。孩子的力气快用完了，实在游不动了，他觉得自己要沉下去了。“放弃吧！”他对自己说。这时，他想起了老船长那慈祥的脸和友善的眼神，“不，船长知道我掉进海里之后，肯定会来救我的。”想到这里，孩子鼓足勇气用生命的最后力量向前游去。

船长终于发现那个黑人孩子失踪了，当他断定那个孩子是掉进海里以后，下令返航回去找。这时有人劝道：“这么长时间了，就是没有被淹死，也让鲨鱼吃了。”船长犹豫了一下，还是决定回去找。终于，在那孩子就要沉下去的最后一刻，船长赶到了，救起了孩子。

当孩子苏醒了之后，跪在地上感谢船长的救命之恩时，船长扶起孩子问道：“孩子，你怎么能坚持这样长的时间呢？”孩子回答说：“我知道您会来救我的，一定会的！”船长好奇：“你怎么知道我一定会来救你的？”孩子睁着天真无邪的眼睛，回答道：“因为我信任你，我知道你是那样的人。”听到这里，船长“扑通”一声跪在黑人孩子面前，泪流满面：“孩子，不是我救了你，而是你救了我啊！我为我在那一刻的犹豫而羞耻。”

对每一个人而言，可以完全被一个人信任是一种幸福，可以毫无保留地信任一个人也是一种幸福。当然，大胆地相信他人不是一件容易的事情，信任一个人有时需要许多年的时间，有些人甚至终其一生也没有真正地信任过任何人。

有时候，我们难以去信任别人，问题不在于别人，而在于我们自己。因为我们总是猜忌，总是猜疑别人对自己是不是有不好的企图，是不是为了加害于自己。这样的想法多了起来，我们就难以对他人给予信任。有时候，对方明明是值得我们信任的人，但因为较真，我们经常会失去这种信任。

心灵物语

信任有时候仿佛是易碎的玻璃花，哪怕只是一句玩笑，都会对信任产生影响。当然，有的信任是经过多年的接触才能建立起来的，同时，这样的信任也是经得起考验的，当我们心中有了一点猜忌的时候，为什么不能对他人多一些信任呢？

人到无求，心自安宁

淡泊以明志，宁静以致远。

名利，多么具有诱惑力的一个字眼，同时，这也是很多人立足社会、搏击人生的主动力。自古以来，名利就是许多人一生的奋斗目标，多少人为了光宗耀祖而削尖了脑袋挤进官宦之途，多少人因为人生的不得已而郁郁寡欢。但是，在名利场上，春风得意、踌躇满志的人毕竟是少数，大多数人为名利而苦恼，为那些自己不得到的名利而较真。其实，人生的道路本来很宽阔，如果我们把眼光尽放在名利上面，那只会让我们的道路越走越狭窄。只有我们敢于抛下名利，才能活出真的自在。

从古至今，人们对功名利禄的向往都很强烈，特别是居高位者，每每容易在权力欲望中迷失，最终变得疯癫。不过，曾国藩却说："为官应当只问耕耘，不问收获。"这其中的淡然之心，可以说是令人敬佩。而正是这样将名利抛下的心理，让他最终得以保身。

淡泊者不求名利，曾国藩就此做出解释："淡泊二字最好，淡，恬淡也；泊，安泊也。恬淡安泊，无他妄念也。此心多么快乐啊！而趋炎附势，蝇头微利，则心智日益蹉跎也。"曾国藩是一个清醒的人，他认为："乱世之名，以少取为贵。"人生在乱世，世态发展皆在混乱之中，何谓富，何谓福，这都是难以说清楚的，所以人生还是少取为妙。他不仅懂得自己摆正心态，而且还严格约束家人：教训儿孙妇女常常作家中无官之想。

在功成名就之后，同治六年五月，曾国藩在家书中劝告欧阳夫人说：“居官不过是偶然之事，居家乃是长久之计，能从勤俭耕读上做好规模，虽一旦罢官，尚不失为兴旺气象。若贪图衙门之热闹，不立家乡之基业，则罢官之后便觉气象萧索，凡盛必有衰，不可不预为之计。望夫人教训儿孙妇女常常作家中无官之想，时时有谦恭省俭之意，则福泽悠长。”

冰心老人曾告诉我们：“人到无求，心自安宁。”在冰心老人家一辈子的经历中，我们不难看出，清心寡欲，淡泊宁静，看淡功名利禄，正是她精神健康的奥秘。在半个多世纪以来，冰心将杂念全部抛到脑后，一心扑在为孩子们的写作、交流上，而孩子们也带给她无限的安慰和喜悦。或许，正因为她心静如水，永远保持着童心，才使得自己在古稀之年也耳聪目明，思维敏捷，淡泊以明志，宁静以致远，才会活得洒脱自在。

庄子面临着这样的选择：前面是清波粼粼的濮水以及水中从容不迫的游鱼，背后则是楚国的官位——两者巨大的差距使这道选择题看起来十分容易。但是大概楚威王也知道庄子的脾气，所以用了一个“累”字，只是庄子要不要这种“累”？多少人在这种“累”中体味到权力给人的充实感和成就感？这是生命中不能承受之“重”。

濮水的清波吸引了他，他无暇回头看身后的权势。他那么不经意地推掉了在俗人看来千载难逢的发达机遇。他把这看成了无聊的打扰。他只问了两位衣着锦绣的大夫一个似乎毫不相关的问题：“楚国水田里的乌龟，它们是愿意到楚王那里，让楚王用精致的竹箱装着它，用丝绸的巾饰覆盖它，珍藏在宗庙里，用死来换取‘留骨而贵’呢，还是愿意拖着尾巴在泥水里自由自在地活着呢？”两位大夫回答说：“宁愿拖着尾巴在泥水中活着。”庄子曰：“往矣！吾将曳尾于涂中。”

这个故事反映了庄子的真实的内心，庄子对于抛弃名利的坚持，让我们知道精神可以达到这样的境界。实际上，庄子的行为，确实让一代代“学而优则仕”的读书人，在赢得世俗的成功的同时，也有一种秘而不宣的羞耻感，还有一种受名利驱使的无奈感。

一个人假如具备抛弃名利的人生态度，那面对生活，他就会比常人更容易找到乐观的一面。他所看到的就是生活的美好，他不再对那些可望不可即的空中楼阁感兴趣。在纷繁的世界中，不去较真名利的争夺，在自己的心田，构筑一片宁静的田园，你自然会体验到简单的快乐。

心灵物语

陶渊明伴着“庄生晓梦迷蝴蝶”中的翩翩起舞的蝴蝶，在东篱之下悠然采菊，面对南山，陶渊明选择忘记，遗忘那些官场中的丑恶，与仕途的不达，清新淡雅，与世无争，为自己寻到了一方心灵的净土。超脱于名利之外，活得一身轻松。

第04章
对话自己，探寻内心秘密

人生之路不会一帆风顺，总有困惑、有挫折、有惊喜、有无奈。在漫长的几十年人生中，似乎更多的时间是在了解社会、了解他人，却很少去了解自我、倾听自我。学会与自己对话，让心灵在对话里得到升华，让自己的生命越来越充实。

鸟笼效应：庸人常自扰

当你太过于在意某一件事情，反而会因为弄巧成拙而做不好。

有的人有点杞人忧天，遇到一点点小事就开始胡思乱想，使自己成为“鸟笼”的俘虏，最终，自己被那些想象的事情吓坏了。这就是人们常说的庸人自扰，本来生活中并没有那么多的烦恼，但就是因为心中的忧虑，凭空多出了许多的烦恼，使自己终日沉浸在焦虑之中，每天过得心惊胆战。其实，有时候，需要我们看开一些，把任何人任何事情都不要想得那么糟糕，留一份快乐在心中，那样才会赢得整个人生。那些快乐的人，他们口袋里装满了祝福；而那些疲惫的人，他们口袋里装满了指责。一路上他们同行着，快乐的人会把那些不必在意的负担丢掉，而疲惫的人却选择了丢掉祝福，所以，快乐的人的行囊越来越轻松，而疲惫的人会感觉越来越累。生活中的我们都要甘愿做快乐的人，千万别庸人自扰。

画家张大千先生长着很长的胡须，平时说话的时候，用手捋着自己的胡须，样子十分和蔼可亲。有一次，一位朋友问他晚上睡觉胡须怎么放，结果那天晚上，他为了合适地安放自己的胡须彻夜未眠，不知道该把自己的胡须放在哪里才好。那些平常都不会担心的事情，怎么一在意就出问题了。在生活中，不止是张大千会有这样的烦恼，每一个普通人都会这样想。人的天性都比较敏感，因为有思想，所以也能思考，但想得太多，同时也把那些简单的事情复杂化了，从而给自己带来一些不必要的心理压力。当你太过在意某一件事情，反而会弄巧成拙。

反之，你用平常心来对待这些事情，就会发现它们不过是微不足道的小事。在桌面上有一张白纸，上面有一个小黑点，如果就这样看，黑点根本没有影响到白纸的干净，但假设你拿着放大镜看，那白纸就显得很脏了。但值得讽刺的是，在实际生活中，绝大多数人会拿着放大镜。所以，凡事看开一点，不要庸人自扰。

《新唐书·陆象先传》：“天下本无事，庸人扰之而烦耳。”

唐朝时候，陆象先是一个很有气量的人。当时，正值太平公主专权，宰相萧至忠、岑义等大臣在太平公主的笼络下都纷纷投靠她。而陆象先却选择洁身自好，从来不去巴结讨好太平公主。先天二年，太平公主事发被杀，萧至忠等被诛。受这件事牵连的人很多，象先暗中化解，救了许多人，那些人事后都不知道。

先天三年，象先出任剑南道按察使，一个司马向象先劝说：“希望明公通过杖罚来树立威名。要不然，恐怕没人会听我们的。”象先说：“当政的人讲理就可以了，何必要讲严刑呢？这不是宽厚人的所为。”先天六年，象先出任蒲州刺史。当时，如果吏民有罪了，大多开导教育一番就放了。录事对象先说：“明公您不鞭打他们，哪里有威风！”象先说：“人情都差不多的，难道他们不明白我的话？如果要用刑，我看应该先从你开始。”录事惭愧地退了下去。象先常常说：“天下本来无事，都是人自己给自己找麻烦，才将事情越弄越糟。如果在开始就能清楚这一点，事情就简单多了。”

这是一个“庸人自扰”的典故，庸人自扰之，那些自己让自己担忧的人只能被称为庸人。他们既不是强者，也不是智者，也许有人会问，难道那些所谓的强者或智者就没有麻烦吗？当然不是，强者或智者一样也有烦恼，有时候也会做庸人自扰的事情，但是，他们与庸人的区别在于：强者或智者会尽量化解那些烦恼，不让它们困扰自己；而庸人则只会沉浸在自扰的旋涡中，不断地沉沦下去。不要做一个庸人，而要让自己成为生活的强者，成为人生中的智者。

每个人生活在这个世界，每天都会碰到一些烦恼的事情，这是很正常的，关键是看你如何去对待，假如你以平常心对待，那小事就是小事，一点事情都没有；如果你放大了小事，那就变成大事了。所以，无论你遭遇了什么，都要积极主动去面对，应该怀着信心，努力就好，不要对未来没有发生的事情而担忧。

心灵物语

庸人为什么会自扰呢？其实，理解起来很简单。他们在某些时候，把现实中的问题看得很大，而把自己看得很小，以为自己遇到了难以解决的问题，所以陷入了自扰。这无疑是自寻烦恼，即便是遇到了一点鸡毛蒜皮的小事，往往也会担心得无所适从，不知道怎么办才好。

马太效应：好风凭借力

单打独斗，难成气候。

从小我们就被教育要独立自主，自强不息，自己的事情需要自己去做，不要把希望放在别人的身上。虽然，这么多年以来，我们从来没有否定过个人奋斗的重要性，但当我们个人付出了很多的努力却难以得到回报的时候，难免就会产生一种忧闷的情绪，甚至灰心丧气、一蹶不振、自暴自弃。实际上，假如我们从另外一个角度去想，想想如何借力行事，从而永远保持着积极向上的心态，这无疑是一条通往成功之路的蹊径。当然，这样的借力行事，并不是说我们完全摒弃了个人奋斗，任何事情都需要依靠外力来帮忙。真正的借力行事，就是在我们原有的努力基础之上，巧妙外借他人之力，顺应天势，以此来达到我们所想要的结果，这就是人生中的大智慧。

马太效应，启示我们“强者越强、弱者越弱”。荀子在《劝学》中就说道：“假舆马者，非利足也，而致千里；假舟楫者，非能水也，而绝江河。君子生非异也，善假于物也”。寥寥数语就道出了人生的大智慧，君子其实与其他人并没有大的差别，就是因为他们善于借助和利用外物而已，这就是一种善于借助外力的大智慧。因为一个人的能力往往是有限的，你就必须借助外界的力量来达成自己的目标，借他人之力来促使自己的成功。

在现实生活中，一个人要想成就一番事业，仅仅单枪匹马是不足以获得成功的，他或多或少都会依靠外来的力量，比如地位、名望、财富或者权力，否则他就会举步维艰。比尔·盖茨曾经说："一个善于借助他人力量的企业家，应该说是一个聪明的企业家，在办事的过程中善于借助他人力量的人也是一个聪明的人。"因此，在人生的路途中，当你觉得一个劲儿地向前冲并不能为自己解决问题时，就要学会舍弃一些坚持，一个人横冲直撞并不能成功，必须借助他人的力量来增强自己的力量。

成吉思汗被世人赞扬"一代天骄"，可是，成吉思汗在历史上几次大规模的战争中都处于劣势，那为什么大多数都能以胜利而告终呢？

其实，成吉思汗善于利用外力来为自己打天下。他利用了札木合、王罕与蔑儿乞人之间的宿怨，利用塔塔儿人与王罕的旧仇，利用札木合与王罕之间的嫌隙，成功地分化了阿兰人与钦察人，然后各个击破，最后征服了整个东欧草原。面对每一个敌人的时候，成吉思汗又利用敌人内部矛盾，如利用札木合与其一些下属的矛盾，利用王罕父子的矛盾等。在扩张过程中，他利用金夏之间的矛盾，攻下西夏，从根本上清除了两国联合御敌的可能；而在攻打曲出律时，他又利用西辽的阶级矛盾与宗教矛盾，分化瓦解了曲出律的势力，使强大的西辽变得不堪一击。

每当成吉思汗征服了一个地区，就把所俘获的俘虏杀了，妇女掳为己有，儿童抚养成长，因而成就了蒙古的新生力量，不杀的男丁、士兵则编入了军队，充当伪军去进攻敌人。所以，在随着蒙古大军的扩张过程中，成吉思汗的军队不少反而多了起来。另外，他还常用俘虏去攻打敌人，当攻下了一个地方之后，他就把那些俘获的百姓放在军队前面，让那些百姓充当挡箭牌，一般守城的人见了自己的同胞都会手软，不忍下杀手，自然大大减轻了对方军队的战斗力。

成吉思汗借助了敌人的力量，成就了"一代天骄"的美名。在他兵力还不是很雄厚的时候，他就先后联合了草原雄鹰札木合和王罕，依靠联合他人的力量来成就自己的事业，最后成为了草原霸主。事实上，许多历史上成大事者都很善于借助他人力量来使自己获得成功。东汉末年，草船借箭的故事几乎家喻户晓，试想，如果当时孔明坚持自己造弓箭，那肯定会以失败告终，所以，他借助外力完成了任务，也让周瑜刮目相看。

无数的例子告诉我们，借力行事成为了通往成功之路的法宝。我们一个人的力量毕竟是有限的，而你要想在人生的道路上获得成功，除了靠自己的努力奋斗之外，有时候还需要借助他人的力量，就像是三月里的风筝，凭借好风力，才得以望尽大好河山。所以，在必要的时候，我们要放下“一意孤行”的固执，而善于借助外力来获得成功。

孙中山曾说过：“世界潮流，浩浩汤汤，顺之者昌，逆之者亡”。世间的任何事物都有其规律可循，顺势而为，才能事半功倍，即使是伟人，他们也不能逆势而为。

心灵物语

自古以来人们就讲究“天时、地利、人和”，这样方能成就大事。实际上，这都是借外力而为，顺势成事才是真正的大智慧。所以，当我们直接向前却难以取得大的成就的时候，不要太过坚持，借力行事，顺势而为之，必将成大事。

破窗理论：伟大源于细节的积累

轻率和疏忽所造成的祸患将超乎人们的想象。

哲人说，小事成就大事，细节成就完美，如果忽视细节，就可能导致“破窗理论”。在小事上认真的人，做大事一定成绩卓越。因为细节最能体现一个人的智慧和美德。完美的细节代表着永不懈怠的处世风格，也是一个人追求成功的资本。

一位伟人曾经说过：“轻率和疏忽所造成的祸患将超乎人们的想象。”生活中若总是粗枝大叶，马马虎虎，鲁莽轻率，就会失去很多原本属于自己的东西，而留下一生的遗憾。

对于年轻人来说，不论多么远大的理想，都需要一步步实现；不论多么浩大的工程，都需要一砖一瓦垒起来。平庸和杰出的差距就在一些细节中，这是一个细节制胜的时代，对于自己的工作，无论大小，都要了解得非常透彻，数据应该非常准确，事实也应该非常真实，这样才能脚踏实地地完成宏伟的目标。

最聪明的人设计出来的最伟大的计划，执行的时候还是必须从小处着手，整个计划的成败就取决于这些细节。近些年，细节决定成败的口号喊得越来越响亮，但仍有些人做事毛躁马虎，以至于带来无尽的问题，甚至带来意想不到的损失。

现代生活即使步伐再快，我们仍要精益求精，一丝不苟，若马虎地对待工作，工作也会马虎地对待自己，而若能细心对待生活，注重生活中的细节问题，也许就会有意料之外的收获。

据说，某服装厂与外地的一个商场签订了一份服装购销合同。合同中规定：贷款45万元，贷到付款。

作为卖方的服装厂，认真履行合同，按时将货送去了，并相信对方也一定会及时付款。谁知，两个多月过去了，卖方还没有见到对方货款的影子，不得不打电话相催。买方当然不干，可拿出已方持有的那份合同书仔细一看，果然也写着“贷到付款”而不是“货到付款”。

双方争执不下，最后告到法院。法官们经过审理，认定合同有效。这样，买方何时才能贷到那45万元的贷款，卖方何时才能拿到货款，就只有天知道了。

绝大部分企业家会知道一些十分精确的数字：比如全国平均每人每天吃几个汉堡包、几个鸡蛋。之所以要了解的这么清楚，是因为他们想确保细节上多方面的优势，不给竞争者可乘之机，哪怕是一些细枝末节的漏洞。对所有人来说，熟知细节是最佳的训练，尤其是面对紧急、影响重大的事情时，这些知识更是有用。

一个男孩的父亲有一个很大的养鸡场，当男孩10岁的时候，父亲给了他50只鸡让他饲养。当然，这一切是有条件的，一是这些鸡都是父亲挑剩的劣种仔鸡，二是养鸡要自负盈亏。

男孩欣喜若狂，信心十足地开始了自己的第一次经营活动。他对养鸡的事一窍不通，于是便认真地观察起来。通过观察及吃食的情况，他渐渐发现一个问题：当一个鸡笼里的鸡少一些的时候，小鸡吃得就多，长得就快；但是鸡太少的时候，又会浪费鸡舍和鸡饲料，所以必须掌握最佳的结合点。经过一段时间的摸索，男孩总结出每个鸡笼里养40只小鸡是最合适的。在男孩的精心饲养下，那些原本劣种的小鸡日渐改观、逐渐长大。当这些鸡开始产蛋的时候，每月卖鸡蛋的纯收入达15美元，这在大萧条时期可是一笔不少的钱。

后来，这些原本劣质的鸡雏的产蛋量却远远超过了父亲的那些良种鸡。开始时，父亲不相信，当他亲眼看到男孩卖了鸡蛋拿到钱的时候，才不得不对孩子夸赞几句。

父亲对男孩的评价是："能够注意到细小的环节，并且能够认真实施和改进。"

后来，父亲将一部分鸡场交给男孩管理经营，事实进一步证明男孩的管理和销售能力，他管理的几个鸡场的效益都超过了父亲。当男孩19岁的时候，父亲将整个家禽养殖场全部交给了男孩。

这就是美国第四大家禽公司——伯杜饲养集团公司董事长弗兰克·伯杜的成长经历。

很多人之所以一生都无所成就，多是因为它们有着大事干不了、小事又不愿干的心理。小至个人，大到一个国家，每一个突破，都是来源于平凡工作的积累。没有人可以一步登天，只有当你认真对待每一件小事，人生之路才会越来越广，成功的机遇也会接踵而来。

西奥多·罗斯福是个重视细节的人，凡是须经他签名的信函，他总要亲笔更动几个字后才发信。起初秘书认为自己撰写得不够好，后来秘书发现他是每封信都改，有一天实在忍不住，问总统是否对所有信都不满意。罗斯福摇头说：“我为了怕收信人误认为信函全由秘书代写代打，我只不过签个名而已，所以我一定要用笔更动一两个字。这么一来，每封信都增加了‘人情味’，不再那么冷冰冰了。”

心灵物语

对待小事、对待细节的处理方式往往也反映了一个人工作的态度。是积极面对、脚踏实地，还是整日空想成功，却不愿从身边的事情做起，这两种截然不同的态度，是成败的一个区别。

鲇鱼效应：人生需要竞争

一盘散沙，尽管它金黄发亮，但没有太大的作用，但是如果与水泥结合在一起，就能够盖成高楼大厦。

一盘散沙，尽管它金黄发亮，但没有太大的作用，但是如果与水泥结合在一起，就能够盖成高楼大厦。一个人的力量犹如沙粒，只要我们学会与人合作，就会发生意想不到的变化，说不定，你就成为了不可思议的有用之才。学会与人合作，并掌握这种才能，才能使自己不断地进步。当然，并不是所有的人都能有效地与人合作，往往那些善于团结的人，能引导其他人进行合作，或者引导他们团结在自己身边，共同完成一件工作。

当双方有共同利益的时候，人们往往会优先选择竞争，而不是选择对双方都有利的合作。这样的现象，被心理学家称为“鲇鱼效应”。 任何人在这个世界都不是孤立存在的，都要与周围的人发生各种各样的关系。作为员工，需要与同事一起工作，共同完成工作任务，这就是合作。无论你从事什么职业，也不论你在哪里，都离不开与别人的合作。对此，作为员工，在工作中要学会合作，彼此互相配合，才能把工作做好。工作中许多事物，只有通过与人合作才能完成，一个人若是学会了与人合作，也就获得了打开成功之门的钥匙。

常言道："小合作有小成就，大合作有大成就，不合作就很难有什么成就。"当然，在工作中，成功的合作不仅需要有统一的目标，每个人都尽力做好分内的事情，而且，还要心中想着别人，心中想着团体，并有一定的自我牺牲精神。员工需要养成良好的合作习惯，这关系到你的职业前途，学会与人合作，不仅可以弥补自己的不足，还能够形成一种合力。

美国加州的红杉，被认为是世界现存最高大的植物。通常情况下，红杉的高度大约为100米，相当于30层楼那么高。对此，科学家对红杉进行了深入的研究，在研究过程中，发现了许多奇怪的现象。一般而言，长得越高的植物，它的根应该扎得越深，但科学家却发现，这世界上现存最高大的植物，它的根只是浅浅地浮在地表而已，这使得红杉能方便快速而大量地吸收赖以成长的水分，从而得以快速茁壮地成长。

科学家分析了这些情况，但是，根浮于地表也有弱点，如果高大的植物的根扎得不够深，这样的植物就很脆弱。或许，只需要一阵大风，就能够将它连根拔起，可为什么红杉却能长得如此高大且屹立不倒呢？

很快，科学家们发现：没有一株红杉是单独生长的，它必定生长在一大片的红杉林中。这一大片红杉彼此的根紧密相连，一株接着一株，它们结成了一大片，这让红杉牢牢地固定在了地面上。即使是自然界威力无比的飓风，也无法撼动几千株根部紧密连接，占地超过上千公顷的红杉林。除非飓风强到足以将整块地掀起，否则再也没有任何自然力量可以动摇红杉分毫。

神秘的自然界会给我们留下许多成功的启示，红杉就是一个很好的例子。有时候，成功不能只靠自己的强大，也需要依靠别人。简单地说，只有能帮助更多的人成功，你自己才能更成功，就如同红杉根部相连，以紧密的合作关系，创造出屹立不倒的奇迹。

合作的原则是“以诚相待”，既然彼此是合作伙伴，如同一条线上拴着的两个蚱蜢，一损俱损，一荣俱荣，如此团结一致，才能达到合作的最终目的。

同样的条件，为什么有的人把合作变成了天堂，而另外一些人却将合作变成了地狱。关键在于，你是否学会了合作，你所选择的是共同幸福还是独自霸占着利益。在日常工作中，需要我们与同事合作的机会有很多，可能，在合作的过程中会出现一些分歧，产生一些矛盾，但既然已经成为了合作伙伴，那就要珍惜彼此间的合作机会，致力将合作推向成功，这样，你的工作才会越做越好。

有工作的地方就有竞争，如果想与同事之间形成协同合作能力，就需要将整体利益放在第一位，因为有了默契，才能共同创造利益。虽然是同事，但也可以成为生活中不错的朋友。当同事在生活中有什么困难时，及时伸出援助之手，让对方感受到自己的真诚。同事之间难免因为工作的事情争得面红耳赤，这是再正常不过的事情。不过，不要把这些琐碎的争吵放在心上，毕竟是为了工作，所以没必要记在心底。

心灵物语

懂得合作，如果你尚羽翼未丰，就需要加入成功的团体，在合作中学习。合作是需要一定的自我牺牲精神的，因为合作的目的是通过大家的共同努力，获得共同的成功，如果你只是自私地想自己成功，而不顾及别人，这样就没人愿意与你合作。

习惯性无助，别轻易否定自己

当习惯成了自然，习惯性无助就会粉墨登场。

通常情况下，人们捕捉到的是小象，他们把小象养在木桩制成的范围内。小象小时候曾想过逃跑，但是，那时候它们力气还小，无论如何用力都对付不了木桩。时间久了，在小象内心深处就树立了一个牢固的信念：眼前的木桩是不可能被扳倒的。即使小象长大成为了大象，它已经有足够的力量去扳倒一棵大树，但却对圈禁它的木桩无能为力，这是一个奇怪的现象。通常是指动物或人在经历某种学习后，在情感、认知和行为上表现出消极的特殊心理状态。沾染上“习惯性无助”的人会在内心给自己筑起一道永远的墙，他们坚信自己无能，放弃了任何努力，最后导致失败。

美国心理学会主席塞利格曼曾做过这样一个实验：刚开始把狗关在笼子里，只要蜂音器一响，就给狗难受的电击，狗关在笼子里逃避不了电击，多次实验之后，蜂音器一响，在给电击前，先把笼门打开，这时狗不但不逃，而是不等电击就先倒在地上开始呻吟和颤抖，本来可以主动地逃避却绝望地等待痛苦的来临。塞利格曼把这种现象称为“习惯性无助”，那么，在人身上是否也存在着这一特性呢？

不久之后，塞利格曼进行了另外一个实验：他将学生分为三组，让第一组学生听一种噪声，这组学生无论如何也不能使噪声停止；第二组学生也听这种噪声，不过他们可以通过努力使噪声停止；第三组是对照，不给受试者听噪声。当受试者在各自的条件下进行一阶段的实验之后，又令他们进行了另一种实验。实验装置是一个“手指穿梭箱”，当受试者把手指放在穿梭箱的一侧就会听到强烈的噪声，但放在另一侧就听不到噪声。实验表明，能通过努力使噪声停止的受试者以及对照组会在“手指穿梭箱”实验中把手指移到另外一边；但那些不能使噪声停止的人仍然停留在远处，任由噪声响下去。这一系列实验表明“习惯性无助”也会发生在人的身上。

习惯是一种自然，人们不自觉地沾染上习惯性无助，就会有一种“破罐子破摔”“得过且过”的心态，而且，这种消极心态还有可能会感染给他人。有的员工在向客户打电话的时候，电话还没有接通就开始说：“你们没有这个计划啊？那好，再见。”脸上没有失望的表情，似乎已经习以为常，即使上司告诉他“这个单子你去跟一下”，他也会无奈地表示：“跟了也没用，他们没兴趣的。”这些都是生活中典型的“习惯性无助”，也许他们就是我们的一个缩影。

有一天，心理学教授接到了一个高中女孩的电话，在电话里，女孩子带着沮丧的口吻重复着：“我真的什么都不行！”教授感觉到她的痛苦与压抑，他亲切地询问：“是这样吗？”女孩好像对自己特别失望：“是的，我和同学的关系不好，大家都不喜欢我，我的学习成绩一般，老师也不正眼瞧我，妈妈把所有的希望寄托在我身上，但我却无法满足她的愿望，我喜欢的男孩也不再喜欢我了，我已经感觉不到生活里的阳光了……”教授追问：“那你为什么要打这个电话？”女孩继续说：“不知道，也许是想找个人说说话吧！”经过了一番交谈，教授明白了女孩的问题——习惯性无助，却又缺乏鼓励。假如一个人长时间在挫折里得不到鼓励与肯定，那就会逐渐养成自我否定的习惯。

接着，教授说：“我觉得你有很多优点，有上进心、是个懂事的孩子、说话声音很好听、很有礼貌、语言表达能力强、做事情认真、善于与人沟通……你看看，我们才聊了一会儿，我就发现你有这么多的优点，你怎么能说自己什么都不行呢？”女孩惊讶地问：“这能算优点吗？没有人这样说过呀？”教授回答说：“从今天开始，请把你的优点写下来，至少要写满10条，然后，每天大声念几遍，你的自信心会慢慢回来，要是发现了有新的优点，别忘了一定要加上去啊！”

教授这样告诉他的学生：“在我们的身边，可能也有许多人像这个女孩一样，在经历过挫折之后就觉得自己什么都不行，但是，我希望你们今后彻底打消这种念头，无论什么时候，在做任何事情之前，都不要急于否定自己。”

经常把“我不行”“我不能”挂在嘴边，这是愚蠢的做法。因为心里暗示的作用是巨大的，当自己在经受某个挫折后就断然给自己下结论“不行”，实际上是给自己一个消极的心理暗示，时间长了，你真的会习惯性地说“我不行”。

多次失败之后，人们成功的欲望就减弱了，甚至会习惯失败而不采取任何措施。其实可怕的不是环境，不是失败本身，而是这种无能的感觉，是我们面对失败的态度！当习惯成了自然，习惯性无助就会粉墨登场——破罐子破摔，得过且过，从而成为侵蚀机体的蛀虫。

而且，他们认定自己永远是一个失败者，无论怎么样努力都无济于事，即使面对他人的意见和建议，他们也还是以消极的心态面对生活。对这样的心态，我们应该尽量避免，正确评价自我，增强自信心，用一颗坚强的心来摆脱无助的境地。

心灵物语

人们常常在经历了一两次挫折之后，就好像失去了挫折免疫能力，他们对于失败的恐惧远远大于成功的希望，由于怀疑自己的能力，使得他们经常体验到强烈的焦虑，身心健康也受到影响。

第05章
读懂一张脸，了解一个人

事之至难，莫如看破人心。很容易理解，看破人心这样的事情总是不那么容易，因为人们善于伪装或隐藏迹象，将真实的内心完全隐藏起来，以此迷乱人们的眼睛，并使人形成错误的印象。所以，只有读懂一张脸，才能了解一个人。

不露声色，看透他人伪装

任何人都无法保守内心的秘密。

现代社会是一个充满了竞争的社会，紧张的气息充满了生活中的每一个角落。为了更好地生存下去，人们往往会隐藏自己的内心，他们的脸上就如同戴了一张面具。如果你不能看破人心，就没有办法判断出谁是你的朋友，谁是你的敌人。在我们身边，从来没有真正袒露心迹的人，也没有谁会告诉你“我是朋友”抑或是“我是敌人”。一个人的一言一行、一举一动，甚至一个眼神，都在向他人传递着一些很微妙的信息，这些信息直接反映了其真实心情以及真正的性格。但是，我们都知道，如果想要真正地去了解一个人，了解他心中的真实想法，并不是一件很容易的事情。或是出于防卫，或是出于欺骗，人们常常把自己隐藏在一张无形的面具后面，不会让他人轻易地知道自己的真实心理和想法。

我们想要看透对方，就需要了解他真实的心理和想法，而这需要从他的一言一行、一举一动入手，通过细致观察，你定会从那些细枝末节中了解他的内心世界。如此一来，你要想轻轻松松地应对戴着面具的人们，就应学会识人言、观人貌，看透他人的真伪。因为只有真正地看透了对方，你才有可能防患于未然，使自己时刻处于主动的位置。

弗洛伊德说：“任何人都无法保守内心的秘密。即使他的嘴巴保持沉默，但他的指尖却喋喋不休，甚至他的每一个毛孔都会背叛他！”虽然，每个人都想保守自己内心的秘密，但其实，每个人的内心都是有踪迹可循的、有端倪可察的，哪怕他藏得再隐秘，我们也会从语言、外貌中窥探一二。一个人说话眉开眼笑，我们就知道他内心高兴；一个人面相奸诈，我们就知晓其城府极深。总而言之，一个人的外在表现都是内心情感的一种流露，往往是一个无意识的举动、一句不经意的话，都是我们看破人心的最好突破口。

唐朝的时候，有一个人叫卢杞，他与郭子仪一起在朝做官，两个人之间还有一些交情。那时候，卢杞还只是一个小官，但郭子仪已经成为了当朝宰相，很是风光。郭子仪却是个老江湖，看人往往能入木三分。他身为丞相，对其他大臣之间都比较随便，唯独对卢杞很有礼貌。如果卢杞来家里拜访，郭子仪会先让家人全部到后面去，而自己穿好了朝服，正式地迎接卢杞。即便是两人交谈中，郭子仪也表现得十分谦卑有礼。

对此家里人感到困惑，卢杞不过是一个芝麻大的小官，你为何要如此礼遇？于是，家眷就好奇地问他："你平日接见客人，无论是多么重要的人物，你从来都不避讳我们在场，为什么今天一个后生过来，您却如此慎重？"郭子仪解释道："我一生什么场面没有见过，什么样的人我没见过，因此，我看人看事都有自己的角度。比如刚才那个年轻人，你们不要看他现在很普通，将来这人一定会爬上高位。但是，他最大的毛病就是小肚鸡肠，睚眦必报，稍有不慎，这人就会怀恨在心。他的长相极其吓人，半边脸是青的，如同庙里的恶鬼，你们女人见识不多，我猜想你们看见卢杞的半边青脸，一定会笑。这一笑定会深深地刺伤这个人的自尊心，等到他得了权势，你们和我的儿孙，就会有灭顶之灾了，怎能不防？"

果然，卢杞后来也做了丞相，朝廷中那些凡是曾得罪了他的官员，都被他想方设法地报复了。因为郭子仪不曾得罪他，最终得以自保。

从历史上的记载来看，卢杞是一位相貌丑陋且心术不正的小人，不过，他很聪明，又懂得溜须拍马，迟早有一天会得到权势。面对这样的人，如果现在得罪了他，他肯定会怀恨在心，日后必伺机报复。在日常生活中，处处有像卢杞一样心术不正之人。如果稍有不慎，得罪了这类小人，就会为生活平添无数烦恼与困扰。所以，只有通过你的一双"火眼金睛"，看破他们的内心，认清他们的真伪，才能在生活中游刃有余，进退自如。

在纷繁复杂的人际交往中，有时候，前一刻还如胶似漆，彼此如同手足一般，但下一刻就翻脸不认人，彼此水火不相容了。其实，之所以有这样的情景，就在于我们没能看透对方的真伪，没有掌握识人心的真正本领。君子般坦荡荡的理想交际，这是每一个人都期盼的，可在现实生活中，我们却很难找到一个吐露心事的人。

心灵物语

俗话说："人心隔肚皮。"对方心里在想什么，对自己到底是真情还是虚伪，我们都无从得知。那么，如何才能分辨出对方的真伪呢？这就需要我们从日常言行、外貌下手了，仔细揣摩对方的言行，观察其貌相，从中窥探对方的真伪，以此看破人心，这样，我们才能真正地识破人心，辨清真伪，从而牢牢地把握人际交往的主动权。

洞悉人性，洞察人心

读万卷书不如行万里路，行万里路不如阅人无数。洞悉人心需要的就是阅人无数。

社会的复杂，在于人心的复杂。在日常交际中，要想与人建立稳固的关系，首先需要了解他人，识破对方的心思，看清周围的环境，即使身处复杂的环境中，我们也能更好地保护自己，游刃有余地应付他人。在这个世界，并没有独立存在的个体，因而，人与人之间的交际是不可避免的。随着科技的日新月异，人们的物理距离越来越近，甚至，彼此之间只有一堵墙或者一层楼板，但是，彼此之间的心理距离却越来越远了，我不知道你所想，你亦不知道我所思，交往之中总是觉得少了点亲近，多了份阻碍。

其实，这种存在的距离感，实际上就是人们彼此互不信任、互不理解而造成的。这样所造成的后果，不仅仅使人与人之间的关系变得越来越扑朔迷离，而且，还会给我们带来麻烦与困惑，因为彼此戒备，交往势必更困难。

那么，如何才能轻轻松松做一个交际达人呢？秘诀只有一个，即察人心、通人性，识破他人的心理，再以相应的策略迎合，如此一来，才能使你在交际场上左右逢源。

当然，察人心并不能靠一面之词，还需要用眼睛、用心去辨认，这样，我们才不至于被假象所蒙蔽。如何识破那些隐藏起来的心理呢？有人归纳出来了一个看透人的方法：“看一个男人的品位，要看他的袜子；看一个女人是否养尊处优，要看她的手；看一个人的身价，要看他的对手；看一个人的底牌，要看他身边的好友；看一个人是否快乐，不要看他的笑容，要看清晨梦醒时的一刹那表情；看一个人的胸襟，要看他如何面对失败及被人出卖；看两个人的关系，要看发生意外时，另一方的紧张程度。”虽然，这样的总结并不是那么准确，但对我们察人心多少有一些帮助。人心是一本书，一本复杂的书，我们读起来时而会感到吃力，但是，唯有读懂了这本书，我们才能游刃有余地应付复杂的人际交往。

齐王后去世的时候，后宫有十位齐王宠爱的嫔妃，其中有一位继任王后，但是，究竟是哪一位，齐王却不做明确的暗示。宰相田婴开始动脑筋了，他想：如果自己能确定哪一位是齐王最宠爱的妃子，然后加以推荐，肯定能博得齐王的欢心，同时，还能赢得新王后的信任。不过，万一弄错了，事情反而会糟糕，自己应想个办法，试探一下齐王的心意。

于是，田婴命工人赶紧打造了十副耳环，而其中一副要做得特别精巧美丽。田婴把这十副耳环献给了齐王，齐王分别赏赐给了十位宠妃。第二天，田婴再拜谒齐王的时候，发现在齐王的爱妃之中，有一位戴着那副特别美丽的耳环。田婴明白了齐王的心意，赶紧向齐王推荐了那位戴着美丽耳环的妃子，果然，齐王大喜。不久之后，新王后继任，而那位新继任的王后，确实是那天田婴推荐的那位妃子。

田婴虽处于乱世，但是，由于懂得处世之道，懂得识人心，这使得他没有被卷进是非之中，反而能够保全自我。为人处世，与人相处，半分钟看破人心极为重要，这样，我们才能在片刻之间，看透身边的人与事，看破一个人的真伪，洞悉对方内心深处所隐藏的秘密。看破人心，才能以不变应万变，窥探出其心理的微妙变化，辨别出其真实的心理，让自己在交际场合中左右逢源、进退自如。

纵观古今中外，凡成大事者，无一不是察人心的高手。不能识风浪，就不能扬帆沧海；不能察鸟兽，就不能纵横山林；不能察人心，就不能左右逢源。也许，你能够在职场驰骋纵横、无往不胜，但是面对纷繁复杂的人际交往，却一样会困惑、迷茫。在我们身边，没有人会完完全全地把自己呈现出来，他们将自己隐藏在面具后面，不过，其眼神、举动、行为、习惯，都会暴露出其心理与性格。而我们只需要找到这些透露出来的细枝末节，就能识破对方心理了。

所以，我们必须练就较强的识人能力，拥有敏锐的观察力和缜密的心思。这样，你就可以看透你身边的人，你就可以在众人中不露痕迹地分辨出真朋友和假朋友；你还可以准确无误地判断出上司的意图；你可以在朋友的语调中读出他的隐衷；你可以在对你微笑的人的一转身间发现他的谎言。熟知了这些察人的技巧，我们才能轻松应付复杂的人际交往。

心灵物语

一个善于识人心的人，一定是一个观察力敏锐的人。如果你没有一定的观察能力，就无法察觉对方在表情、动作、语言上的变化，对方心里在想什么。所以，要想看透他人，识破人心，就必须学会察言观色。不仅如此，还需要拥有缜密的心思，没有一个人会完全地袒露自己，让自己处于人们的视线之下。

知人知面更要知心

害人之心不可有，防人之心不可无。

俗话说：“知人知面不知心。”识人难，识人心更难。人世间最深藏不露的莫过于人心，而世上最猜不透、最善变的也是人心。在人际交往中，稍有差错，就有可能错识人心，产生误解，你就有可能为此失去一次难得的机会，或是失去一个重要的客户，或者错交一个不值得结交的朋友，或者把一件很重要的事情办砸了。与人交往，实在是难，难在不能看破人心，但只要我们能够看破人心，并采取相应的策略，就能够赢得成功。否则，我们将寸步难行，面临失败，平添许多烦恼。所谓“人心难测”，人心是一个人的思想，而思想是无形的，我们既看不见，又摸不着，它潜藏在人的脑海里，另外，思想并不是固定不变的，它们往往随着客观事物的变化而变化。所以，我们才说看破人心是一件不容易的事。

在现实生活中，谁对你真，谁对你假，我们需要辨清真伪，如此，才能知心。否则，在“知人知面难知心”的情况下，我们就有可能被一时的假象所蒙蔽，将所谓的敌人当朋友，错识人心，将会给我们带来无尽的痛苦与灾难。

俗话说：“害人之心不可有，防人之心不可无。”虽然，在人际交往时，需要以诚相待，但是，也不能因诚信而成为别人利用的对象。在生活中，我们经常会碰到这样的人：平日里对自己很关心，实际上却是别有用心，而我们却常常为他们的外表所蒙骗，等到醒悟的时候，为时已晚。所以，我们要学会识人心，知人知面更知心，洞悉对方心中的真实意图，使得自己能够及时掌握交际的主动权。

毕加索和勃拉克都是伟大的艺术家，也是形影不离的好朋友。有一天，勃拉克很沮丧，他的一幅画因为颜色问题作坏了，他害怕人们会对那一幅画评价不好，就一个人自言自语道：“真想把这幅画毁掉。”“别，别毁了它。”毕加索眯着眼睛，在那幅画前走来走去，嘴里还不停地赞美：“这幅画真是太棒了！”勃拉克开始有点半信半疑：“真的吗？”因为毕加索是自己最好的朋友，又是艺术界里的行家，毕加索的话让勃拉克相信了。“当然，你把它送给我，我拿我的另外一幅画与你交换，怎么样？”毕加索很肯定地说。最后，毕加索与勃拉克交换了画。

几天后，一些朋友去勃拉克的画室，他们看到了毕加索的那幅画挂在一个比较显眼的位置。勃拉克非常激动地说："这是毕加索的作品。他送我的，真是美极了！"这些朋友同时也去了毕加索的画室，他们惊奇地发现勃拉克的那幅画，而毕加索语带不屑地介绍："你们看看，这就是勃拉克画的东西。"

毕加索的言外之意就是："勃拉克的画算什么东西，怎么能跟我的画相提并论。"我们再仔细比较一下，毕加索前后态度的变化。毕加索眯着眼睛，在勃拉克那幅失败作品前踱来踱去，大加赞赏的行为是不是太做作了呢？毕加索和勃拉克本是一对好朋友，可是，勃拉克对毕加索却是"知人知面不知心"，你把他当朋友，他却在背后奚落自己，错识人心，使得自己失去了交际中的主动权，处处陷于被动。

其实，在现实生活中，这样的人可谓是不在少数：有的人利用甜言蜜语与你套近乎，却是为了窃取你的劳动成果；有的人会在你面前装得可怜兮兮，却只是为了你主动让出晋升的职位；有的人将你夸赞得飘飘然，你在激动之下把什么都告诉他，他却在背后拿你不经意透露的信息去跟老板告密；有的人表面对你赞赏有加，却在背后用讽刺的话来奚落你；有的人假装很热情地邀请你跟他一起负责某项任务，只是为了在出问题时可以让你背黑锅；有的人经常给你小恩小惠，却在关键的时候勒索你一大把。他们往往笑里藏刀，将自己的真实意图隐藏得很深，你不可能一下子就发现他。而且，他伪装起来的外表，很容易获得我们的信任与好感，在不知不觉中，我们就进入了他设计好的陷阱。所以，知人知面更知心，从而牢牢地把握交际中的主动权。

心灵物语

我们常说"知人知面不知心"，其实，也是道出了人心难测的道理。然而，人心也并非难以捉摸，而是很多时候，我们没能掌握洞悉人心的技巧。

因此，与人交往，知人知面更要知心，在平日里，我们要学会识透人心，这是现代人需要掌握的处世技巧也是与人交际的必备技巧。

本色做人，表里如一

人们如果不知道在独知的地方用功，只在人人都知道的地方用功，这就是作假，就是见到君子后掩饰自己的罪行。做人应当表里如一，保持本色方能致远。

在生活中，我们常常听人说做人难，也总觉得做一个表里如一的人确实不容易。但是，大凡在这个世界生存的人，谁也不是傻子，假如做人两面三刀，当面一套背后一套，这样又真的能欺骗多少人呢？到最后，不过是自欺欺人罢了。正如王阳明所说，做人不管善念恶念，没有一点虚假，一荣俱荣，一损俱损。

苏轼是一个识人的高手，我们可以从其平生一二事来窥其识人的本领以及过人的洞察力。

当时，有一个叫谢景温的人，与苏轼关系很不错，两个人常常在一起谈论诗文，褒贬古今。有一次，苏轼与谢景温到郊外游玩，无意间看到了一只受伤的小鸟从树上掉下来，苏轼刚想把小鸟拾起来，谢景温却抬脚就将那只小鸟踢到一边。虽说，这是一个漫不经心的举动，苏轼的心却凉了半截：这样一个轻贱生命，损人利己的人，不可深交啊。后来，他渐渐疏远了谢景温。果然，后来谢景温为了讨好王安石，全然不念之前的交情，加害苏轼，企图将其治罪。

早年，苏轼有一位姓章的朋友，在苏轼任凤翔府节度判官的时候，两人去山中游玩。在仙游谭的时候，眼看前面是悬崖峭壁，只有一根独木桥相通。这位姓章的朋友提出让苏轼过桥，在绝壁上留下墨迹，苏轼不敢。却没想到，那位姓章的朋友神色平静地轻松走过，然后用绳子系在树上，以高难度的手法在陡峭的石壁上留下了“苏轼章某来此”几个大字。苏轼长叹曰：“能自拼命者能杀人也！”后来，章某当上了宰相，有了权势，对人毫不手软。因与苏轼政见不合，对曾经的朋友也痛下毒手，将其贬至偏远的惠州。

从上面两个故事中，可看出苏轼过人的洞察力。只凭一个踢小鸟的动作，看出朋友是一个轻贱生命、损人利己的人；凭着朋友脸色平静过独木桥，只为留下几个大字，可看出朋友是一位为了求得目的不惜杀人的人。事实证明，苏轼对这两个的朋友的判断，都是极其准确的。当然，这些表里不一的人，必将多行不义必自毙。

古希腊哲学家苏格拉底曾经讲过谦逊的美德，同时他大肆抨击人类的装腔作势，用虚假的优点来弥补自身的缺点，用虚伪的自尊来掩饰自身的卑劣。他对于那些穿了漂亮衣服在穷人面前炫耀的学生嗤之以鼻，对其行为的荒谬和内心的虚伪大加斥责。

刘基是元末明初著名的政治家、文学家，而且精通天文及兵法，帮助朱元璋推翻元朝，建立了大明朝。朱元璋登基后，便封刘基为“诚意伯”。

在刘基年轻时，一次外出来到杭州。在家乡时，他就听说，杭州有一个卖蜜柑的商人，善于研究水果保鲜和管理，不论冬天，还是夏天，他卖的蜜柑看上去都非常好，生意很兴隆。

刘基对此很好奇，也很想亲口尝尝。一天他找到了这位水果商，到那摊位一看，果然不错，人们正在争先恐后地购买。他也挤着买了几个，迫不及待要吃一个，剥开皮，一看，里面就像破棉絮一样，一点儿鲜甜味也没有，哪里还能吃？刘基很生气，拿着剥开的蜜柑质问水果商：“老先生，你卖的蜜柑是让人吃的呢，还是供人摆着的呀？你这不是骗人吗？这么做，也太过分了吧！”

没想到，那位水果商听了刘基的话，毫不介意，面带笑容地对刘基说：“您别生气。说实话，我卖这个蜜柑就为的是养家糊口。再者，我卖，您买，这是自由买卖，我没非要您买啊。我卖这蜜柑好几年了，买的人很多，就您来找我。您要是明眼人，就来管管这混账世道，真正搞欺骗的人不是我，而是那些有权有势的。他们在家坐着虎皮椅，出门坐大轿，或是骑着高头大马，头戴乌纱，身着锦袍。看上去，哪一个不是装得一本正经的样子？可是，他们整日干什么实事了？老百姓生活困苦不堪，下边官吏为非作歹，社会盗贼四起，他们不是白白坐着高位，享受丰厚的待遇吗？这些人，单从外表看，光鲜无比，谁不羡慕？可实际上，他们是大盗贼，跟我卖的蜜柑一样，外表似金玉，里边是破败絮。那么，您干吗不去问问这些人，为何单单查问我呢？”

刘基听了这席话，沉默不语。

假如一个人经常装腔作势，明明心里很讨厌脸上却堆满笑容，本来并不欢迎却一副热情好客的样子，这个人肯定会被人称作“虚伪的人”。有些人是很隐私的，他们常常心里有话而不肯明言，并且在他们心里明白所说的事自己并不甚明白的时候，他们却要装模作样，要让人家以为他们知道许多不能明说的事情。这些表里不一的人最大的特点就是假惺惺，无利不动，求人时大献殷勤，一旦目的达到，则变得不冷不热。

心灵物语

如果一个人被毁谤的原因是由于自己按照良知行事，是非分明，坚决不做伪君子那套同流合污的谄媚功夫，这在别人看来却是一种自大的表现。事实上，做人不论方与圆，都应该文质彬彬，表里如一，道貌岸然者，必定令人厌恶，又难成大器。

一脸带百相，观脸可识人

一个人，他心灵的每一个活动都表现在他的脸上，刻画得很清晰、很明显。

早在古代，就有占卜看相的说法，大致的方法是凭着一个人的面部特征、相貌来预测其命运的看相术，或者只凭一个人的眉毛形状来下定论。其实，从科技日新月异的今天看来，这样所谓的相学都是不科学的，毕竟，只凭着一个人的眼、眉、耳、鼻的形状以及位置等脸部特征，是很难判断出一个人的心理的。然而，若是运用现代心理学，通过一个人的面部表情来判断对方的心理，就能准确地读出他人内心的悸动。一个人心里在想什么，会相应地反映在其脸上，这时，他的面部表情就会泄露一些秘密，如果我们能恰当地识破这些秘密，那么，我们就能知道对方的真实想法了。

有人说："人的面部表情是人的内心世界的显示器。"一般而言，人在心里感触到的喜怒哀乐都会表现在脸上，一个人高不高兴看他表情就知道了。但是，并不是每一个人的真实内心都反映在面部表情上的，有时候，他们为了寻求自我保护，会下意识地隐藏自己的一些真实情绪。不过，只要我们仔细观察，透过细微的表情，一样能捕捉到其中的秘密。在生活中，一个人面部所表现出来的各种各样的情感，那是最能吸引人的表情。或许，在对方未开口之前，你就能从其面部表情中获得了一些信息，了解到了对方的情绪、气质、性格、态度等。俗话说："看人先看脸。"脸是一个人内心世界的外观，当然，所谓的脸并不是指人的长相，而主要指的是面部表情。

梁惠王雄心勃勃，广纳天下贤才。有大臣多次向他推荐了淳于髡，因此，梁惠王频频召见了那位颇具才干的淳于髡，而且，每一次都屏退左右与他倾心交谈。但召见了两次，淳于髡都沉默不语，弄得梁惠王很尴尬。

事后，梁惠王责问大臣："你说淳于髡有管仲、晏婴的才能，我怎么没看出来，他只是沉默不语，我看你是言过其实。"大臣以此话问淳于髡，淳于髡只是笑了笑，回答说："确实如此，前两次我都沉默不语，但我不是故意的，而是另有原因。我也很想和梁惠王倾心交谈，但第一次，梁惠王脸上有驱驰之色，想着驱驰奔跑一类的娱乐之事，所以我就没说话；第二次，我见他脸上有享乐之色，是想着声色一类的娱乐之事，所以我也就没有说话。"

大臣将此话告诉了梁惠王，梁惠王回忆了当时的情景，果然不出淳于髡所言。这时，梁惠王不禁佩服淳于髡的识人之能，也终于相信了大臣所言，开始重用淳于髡。

在这个典故中，淳于髡正是利用了梁惠王流露出来的细微表情，洞悉了其心理的真实想法，也正因为如此而赢得了梁惠王的尊重和信赖。由此可见，观其脸必先观其表情矣，在与人交往的过程中，不要错过对方脸上闪烁的细微表情，抓住它，你才有可能看清其真实性情。

比如，项羽和项梁看见秦始皇游览会稽郡渡浙江的时候，项羽脱口而出："彼可取而代也。"吓得叔叔项梁急忙捂住他的嘴，这表明项羽心直口快，而汉高祖刘邦在见到秦始皇的时候，则说的是"大丈夫当如是也"，两人截然不同的神态，表明了两人不同的心性。

这天，张明接到了通知，下午将要与一个大公司的客户进行商业谈判。当然，张明并不是谈判代表，而仅仅是陪同而已，真正的谈判代表是公司总经理李兵。

下午，张明忐忑不安地跟着李总走进了会客室，客户已经到了。彼此寒暄了几句，就进入了正题。张明忍不住看了对方一眼，发现他脸上面无表情，冷冰冰的，似乎不带一丝情绪。他心一紧，好像真的碰到对手了，可怎么办呢？他抬头看了看坐在身边的李总，发现一向笑脸的李总居然也板着一张脸，张明可纳闷了：这是怎么了？两个人是仇人吗？随着谈判的进行，两人都面无表情，公事化地谈论着一些合作细节，不到一个小时，两人签了合同。

客户走了之后，李总呼出一口气，整个人显得格外轻松，脸上也露出了笑容。张明不解地问："李总，刚才，你们干吗都板着脸？这样的谈判怪吓人的。"李总笑着解释："这位客户面无表情，想必是一个缺乏人情味的人，跟这样的客户交谈，我笑得再多也没用，还不如跟他一样，面无表情，这样一来，他会觉得跟我是同类，自然就没有了招架之力了。"

李总通过客户的面部表情判断对方是一个缺乏人情味的人，洞悉了对方真实的想法，李总保持同样的表情，以此达到了自己的目的。有人说："表情比嘴巴更会说话。”有时候，我们仅凭着一个动态的表情就能揣测出对方的心理。

在所有的生物中，人的表情算是最丰富，也是最复杂的。据统计，人们的脸部能做出的表情多达25万种之多，恰恰是如此丰富的表情使得人们之间的交往变得复杂而细腻。在生活中，我们常常发现人们脸上的表情跟其内心的情绪恰好相反，这是为什么呢？其实，这是人们在潜意识里不愿意让对方看出自己心理的变化，他们会用看上去比较自然的表情来阻止自己内心情绪的外泄，以此来隐瞒自己的真性情。那么，我们是不是就不能窥破对方的真实心理呢？当然不是，狄德罗在《绘画论》中说道：“一个人，他心灵的每一个活动都表现在他的脸上，刻画得很清晰、很明显。”

心灵物语

一个人的神态的外显通常被认为是“自然流露”，意思是指有所见或有所感而发，出自内心的自然本真，显示出的神态举止自然而然，但其中也隐藏了不少真性情，你若仔细观察，必会窥探出不少秘密。

第06章
再见烦恼，告别坏情绪

一个人的情绪是千变万化的，遇上挫折或者不如意的事情，就会莫名难过沮丧。但是，若内心常常被阴云笼罩，对身心健康都没有好处。所以，告别坏情绪，快乐地拍拍手，将情绪积极地表达出来，这样你将会收获更多的快乐。

青蛙效应：居安可思危

如果把青蛙放进一锅冷水中，然后慢慢加热锅里的水，青蛙就会一直待在水里直到最终被烫死。

在职业生涯中，我们总会处于各种各样的环境中。不过，若是在同一种环境下工作得太久，总免不了会产生一种现象，那就是被环境同化，使自己丧失上进心和适应能力，而只能适应目前的工作环境。大量数据显示，人们做同一份工作差不多3年之后，工作环境就会产生类似“青蛙效应”：身边的同事太熟悉，工作基本缺乏太大的挑战，可以说是安逸稳定，也可以说是原地踏步。对自己而言，尽管现在的工作难度看起来不那么高，也清楚这样的安逸状态持续下去是可怕的，不过却缺乏接受更难工作的勇气。面对这样的情形，需要警惕了，否则你就真的成为了那只温水里的青蛙了。

小娜大学毕业后，被父母安排到小镇的政府上班。这是一份悠闲的工作，工资待遇很不错，福利也有保证，工作环境安逸。这对于刚刚大学毕业的小娜而言，无疑是一种幸福，她在小职员的岗位上快乐地工作着。而这一时期，一起毕业的同学还在辛苦地奔波找工作，比起他们，小娜觉得自己起点高多了。而且，比起那些销售、广告设计等工种，政府部门不管是人事制度还是工作方式都要更加专业，更重要的是工作难度并不大，每天只需要看看报纸、写写报告就行了，小娜觉得这是一份非常安逸的工作。

五年过去了，小娜一直在政府做着小职员的工作。当她发现自己身边的朋友开始步入管理岗位的时候，自己却依然做着小职员的工作，这时她才开始渐渐意识到：一直从事简单的工作，表现自己的机会自然也少了很多，缺乏学习新东西的机会。而且自己一直安于现状，不主动积极争取机会，这些年来的收获甚至比当初进公司一工作就独当一面的同学少很多。尽管当初自己的待遇算是比较可观的，但现在看起来却是相差很大一截。

虽然，任何一份工作都会有令人喜欢的部分，也会有令人不喜欢的部分。一份工作是否让人喜欢，需要综合考虑，比如工作中的满足感、被认同感、个人兴趣、未来发展、薪资福利，甚至工作时间……并非每一个安于现状的人都会成为温水里的青蛙，也并非所有的温水都会一定烧开。所以，每个人的价值取向、性格脾气、家庭情况是大不相同的，做出彻底改变固然值得赞赏，不过我们若能在现有的基础上调整自己，适应环境，这也是值得夸赞的。

工作中涉及专业技能的内容并不多，或者即使有，也只有那么一点，已经太熟悉了，自己也没有再去学习；自己所从事的行业并非朝阳行业，或者即使是朝阳行业，也并非核心部门；从事工作这么多年以来，职业或待遇没有显著变化，或许几年前工资待遇是令人羡慕嫉妒的，但这几年下来，别人都已经进步了，你却依然在原地踏步；你与身边的同事一起工作很多年了，但始终只有几个才是关系不错的，甚至领导对你的印象并不深刻。

如果你符合这两个以上，那么你已经是温水中的青蛙了，应该保持警惕心态了。大多数人看不清楚目前的状况，对未来充满迷茫，这在很大程度上都是由于对未来没有一个十分明确的规划，也不清楚自己希望朝着什么方向发展。正所谓“生于忧患，死于安乐”，温水中的青蛙们不妨计划一下，自己五年之后希望变成什么状态？若是按目前的状况是否可以走到那一步？

每一个人脉背后都是一个潜力的圈子，职场发展在很大程度上来说依赖于人际关系圈子。要敞开自己的心，多认识一些朋友，这样很有可能带给你意想不到的机会。不断的学习会让我们意识到身边的危险和即将要出现的变化，让自己开拓视野，而不是故步自封，原地踏步。在这方面所有职业都是相通的，尤其是公认的温水环境，比如政府部门。尤其需要提醒的是，千万不要等到工作有需要才想到学习，而是将学习当成主动的目标，没事时哪怕看看书也是很不错的。

假如自己真的决定摆脱“温水”环境，不管是寻找全新的职场机遇，还是在现有的环境下做出改变，那都需要适度忍让。这种忍让有可能是待遇方面的，也有可能是工作变动等。假如一时的后退可以换来更大的前进，那所有的一切都是值得的。

心灵物语

在温水环境里并不是最可怕的，恐惧的是身在其中却不知，依然浑浑噩噩过日子。所以，温水中的青蛙们需要随时保持自省的意识，保持清醒的头脑，具备敏感度和警惕性，即使在温水中，也不要太过忧虑，而是需要想办法改变自己现在的处境。

詹森效应：别给自己太大压力

人一生中都会面临两种选择，一是改变环境去适应自己，二是改变自己去适应环境。

生活中，从来不缺乏各种各样的压力：生存的压力、工作的压力、金钱的压力、心理的压力，等等。在这个被压力压得喘不过气来的社会，我们该如何缓解内在的压力呢？太过负重的压力对我们的情绪是有着重要影响的，一旦压力来袭，情绪就会变得很恶劣，容易生气、烦躁，似乎看什么都不顺眼，内心的情绪积压过久，总想痛快地发泄一通。所以，别给自己太大的压力。

如果我们将任何事情都当成了一种负担，并在压力的重压下生活，那我们会整日生活在压力、痛苦、烦躁和苦闷之中。一个人若是背着负担走路，那再平坦的路也会让他感到身心疲惫，最后他会因为不堪生活的压力走向不归路。当重重压力来袭的时候，不妨巧将压力变成动力，让自己如释重负，而且还能将事情做得很好。

这些天，小王正在学习弹琴，由于基本功不太扎实，他练起琴来很费力，尽管自己付出了许多辛勤的汗水，可是，就是不见效果。但是，他心里又极度渴望自己在琴技方面能够有所突破，于是，他每天强迫自己练琴四个小时。

这样，时间长了，小王时常变得焦虑，心理上把练琴当成了一种压力，他常常烦躁地问老师："我是不是练不好了""我还能行吗""怎么这么练都不见效果，我干脆还是不练习了吧""难道我就这么放弃了吗"。老师听了，只是微微一笑："你不要自己到处惹气生，放松自己，缓解心中的压力，卸下负担，将压力变成动力，这样，心情好了，琴艺自然会有所进步。"小王按照老师说的放下压力，过了不久，琴艺真的进步了，而之前弥漫在脸上的阴霾已经消失得无影无踪。

人一生中都会面临两种选择，一是改变环境去适应自己，二是改变自己去适应环境。既然压力是已经存在的，根本无法彻底消除的，那我们何不积极地改变自己，正确引导各种压力成为自己前进的动力呢？

一位留学英国的朋友回国，向同学们讲述了自己在国外的生活："刚开始，我在国外的时候，由于自己英文很烂，害怕出糗，整天就把自己关在屋里，看书、上网、看电影，这样的生活状态整整维持了一个月，我崩溃了，开始想：自己是否应该干点什么？"后来，她去了国家应用科学院求学，刚开始的时候，老师讲课自己一半都听不懂，而且，老师讲课也没有教材，只能靠自己做笔记，压力非常大。当时，她想，自己只要及格就行了，没有必要追求名列前茅。于是，每天，她都先拿着同学的笔记来抄，然后，再跟自己的男朋友一起出去约会。

临近考试的时候，她开始"抱佛脚"，背诵笔记，每天只睡三个小时，第一次考试，她及格了。虽然，自己的分数并不是很高，但是，令自己高兴的是老师给全班同学发了一封邮件，在信里，老师这样说："这次考试，我以为出的题目比较难，但是，令我没有想到的是，班里的三个留学生考得还不错，希望你们继续努力。"老师的鼓励令她受到了鼓舞，她开始认真听课，成绩也越来越靠前了，到了第二年，她的成绩就排在了全班第一，这样的成绩不仅令同学感到惊叹，连她自己都觉得不可思议。最后，她这样说道："在国外求学的经历堪称跌宕起伏，但是，我并不觉得有什么不好，这些所谓的挫折与困难，让我学会了承受，让我赢得了最后的胜利。我们的生活需要适当的压力，压力教会了我们什么是坚持，最重要的是，让我远离了那种无聊、烦闷的生活，而重新拾起了久违的快乐。"

当压力成为了自己前进的动力，那生活将会变得异常美好。生活中其实是需要压力的，当我们感觉不到压力的时候，你会发现充斥在生活中的都是无聊、烦闷的气息。但是，一旦生活有了某种压力，在压力的打压下，不自觉地将这种压力当成动力，那我们做什么事情都是精神十足，因为压力驱使着我们将事情做得更完美。

心灵物语

在现代社会，几乎每一个人都有压力，其实，适当的压力对我们自身是十分有用的。一个人的潜力究竟有多大呢，我想大多数人都不清楚，对此，科学家指出：人的能力有90%以上处于休眠状态，没有开发出来。是的，如果一个人没有动力，没有磨炼，没有正确的选择，那么，积聚在他们身上的潜能就不能被激发出来，而压力则会给他们这样的动力。

聪明如你，别让情绪左右你

你要控制你的情绪，否则你的情绪便会控制了你。

著名作家大仲马说："你要控制你的情绪，否则你的情绪便会控制了你。"对此，耶鲁大学组织行为教授巴萨德说："有四分之一的上班族会经常生气。"如此看来，人们经常受到不良情绪的干扰，而且，稍有不慎，情绪就会成为我们的主人。有人这样形象比喻："经常性的生气就好像不断地感冒一样。"在日常生活中，如果我们想要避免感冒的侵袭，通常的做法是防护自己的身体，这样，感冒的病毒就不会传染到自己的身上。

负面情绪与感冒一样，如果我们没能做好预防工作，无可避免地，会常常生气。因此，为了不让坏情绪的病毒传染到自己，我们应该做好一级防护。

阻止不良情绪的蔓延，就如同抵制感冒的侵袭，我们应该增强自身抵抗能力，善于思考，努力使自己变得平和，这样，即使情绪怒气奔涌而来，我们也能将它阻拦在外，冷静处理事情。当然，为了避免怒气的蔓延，我们所需要做的防护工作主要在于学会思考，冷静，使自己在怒气来临时变得平和，这样，我们才能有效地避免盲目冲动。

爱德华·贝德福讲述了自己的经历：

在十几年前，在美国最著名的石油公司，有一位高级主管作出了一个错误的决策，而这个决策使整个公司亏损了200多万美元。当时，洛克菲勒是这家石油公司的老总，而我则是这家石油公司的合伙人。事情发生之后，我并没有前往石油公司，但是，我从侧面了解到，在公司遭到巨大经济损失后，那位主要责任人却一直在躲避洛克菲勒，企图躲过一劫。我感到事情不好处理，怀着对那位主管的责难的心情，我走进了石油公司的办公室。

当我走进洛克菲勒的办公室，正看见他在一张纸上写着什么，或许是听到了我的脚步声，洛克菲勒抬起头，向我打招呼："哦，是你？我想你已经知道我们公司的损失了，我思考了很久，但是，在叫那个高级主管来讨论这件事情之前，我做了一些笔记。"我点点头，心想，应该计算一下那位主管所造成的经济损失，这样才有说服力。我走了过去，看了看那张纸，顿时，我惊呆了，那张纸上居然写着那位高级主管的一系列优点，其中，那位主管还曾三次为公司做出过正确的决策，于是，洛克菲勒在后面备注了这样一句话："他为公司赢得的利润远远超过了这次损失。"

看完了洛克菲勒所记载的那些，我感到十分不解，向他质问道："难道你打算原谅那位让公司损失200万美元的家伙？你对此难道不感到生气吗？"洛克菲勒并没有理会我夹杂在话里的怒气，他笑着回答："难道你觉得这样不合适吗？听到公司损失的消息之后，我比你更生气，当时就决定解雇这位主管，但是，当我平静下来以后，发现事情并没有如此糟糕，经济的损失可以通过下次生意再赚回来，而优秀员工的失去则是不可挽回的。”当然，那位主管最后并没有受到任何责备，我心中的怒气也消失得一干二净。

这件事情对爱德华·贝德福的影响非常大，以至于后来，他在回忆这件事情的时候，还忍不住发出了这样的感慨：“我永远忘不了洛克菲勒处理这件事的态度，它影响了我以后的生活，我不再轻易生气，甚至，面对怒气，我已经做好了一级的防护工作。”这一点不假，所有贝德福下面的员工都可以做证，在这件事以后的时间里，贝德福的脾气出奇的好，几乎没有情绪波动的时候。

如何才能做到冷静思考呢？对此，爱德华·贝德福这样说道：“每当我克制不住自己冲动的情绪，想要对某人发火的时候，就强迫自己坐下来，拿出纸和笔，写出某人的好处。每当我完成这个清单时，内心冲动的情绪也就消失了，我能够正确看待这些问题了。这样的做法成为了我工作的习惯，在很多次，它都有效地制止了心中的怒火，逐渐，我意识到，如果当初我不顾后果地去发火，那会使我付出惨重的代价。”贝德福有这样的习惯，其实是得益于自己早年所经历的这个故事。

心灵物语

生气，是一个人由于自己的尊严或利益受到伤害而产生冲动的情绪，并且这样的状态很难一下子就冷静下来。对此，心理学家认为，生气是人的弱点，所谓的大胆和勇敢，并不是动辄生气，而是学会思考，学会克制自己内心的冲动情绪。

第07章
即刻出发，战胜拖延症

梦想只要能持久，就能成为现实。然而，梦想谁都可以有，不过仅有梦想不去行动，这只能算是空想。追逐心中的梦想，不必在乎自己的先天条件，更多的是看你是否具有“即刻出发”的勇气和持久的毅力。

成功在于立即行动

我们命定的目标和道路，不是享乐，也不是受苦，而是行动。

有人说自己是一座宝藏，挖掘得越深，获得的越多。也有人说，自己是一匹奔腾的野马，重要的不是学会怎样提速，而是控制自己。

人有各种各样的优点和缺点，也有一种惰性，这种惰性经常导致计划落空。人在计划落空时又很容易形成新的计划，新计划其实是旧计划的翻版。结果就是，一项计划翻来覆去总没有结果。这是十分悲哀的事情。成就一番事业必须雷厉风行，要有一种魄力，说干就干，一点也不拖延。这是成就事业的一种必备品格。

朗费罗说："我们命定的目标和道路，不是享乐，也不是受苦，而是行动。"胸有壮志宏图，但若不能付诸实施，结果只能是纸上谈兵，毫无实际意义。

拖延是一种坏习惯，他会让人在不知不觉中丧失进取心，阻碍计划的实施。一个人如果进入拖延状态就会像一台受到病毒攻击的电脑，效率极低。拖延最常见的表现就是寻找借口。虽然目标已经确立了，却磨磨蹭蹭，像一只生病的羔羊，没有一点精神。不论什么时候，他总能找到拖延的理由，计划当然就会一拖再拖，成功也就遥遥无期。

威廉是一名销售员，他为自己制定了一套完整的销售方案。他第一天到公司上班的时候，没有去做销售工作，而是在办公室里听歌，他觉得他的销售方案太完美了，不用那么急着去做工作。第二天他仍然没有去做销售，他对自己说，我是学营销专业的，销售对我来说太简单了，不用急。结果一个月过去了，他没有一点销售业绩，老板只好把他开除了。但是老板很惋惜，因为他的销售方案确实非常完美，只是威廉没有立刻去执行。

对于一个公司来说，很有可能会因为拖延而损失惨重。1989年3月24日，埃克森公司的一艘巨型油轮触礁，大量原油泄漏，给生态环境造成了巨大破坏。但埃克森公司却迟迟没有做出外界期待的反应，以致引发了一场“反埃克森运动”，甚至惊动了当时的布什总统。最后，埃克森公司总损失达几亿美元，形象严重受损。

那么对于一个人来说，拖延又会带来什么灾难性的后果呢？对一个渴望成功的人来说，拖延将成为制约他取得成功的桎梏。在公司，没有一个老板喜欢有拖延习惯的员工，在家里，没有一个妻子喜欢有拖延习惯的丈夫。

社会学家卢因曾经提出一个概念，叫“力量分析”。他描述了两种力量：阻力和动力。他说，有些人一生都踩着刹车前进，比如被拖延、害怕和消极的想法捆住手脚；有的人则是一直踩着油门呼啸前进，比如始终保持积极、合理和自信的心态。

哈里起初只是美国海岸警卫队的一名厨师。他从代同事写情书开始，爱上了写作。于是他给自己制定了用两三年的时间写一部长篇小说的目标。他立刻行动起来，每天不停地写作，从不停息。八年以后，他终于在杂志上发表了自己的第一篇作品，字数仅有600字。他没有灰心，退休后，他仍然不停地写，稿费没有多少，欠款却越来越多。尽管如此，他仍然锲而不舍地写着。朋友们帮他介绍了一份工作，可他说：“我要做一个作家，我必须不停地写作。”

又过了四年，小说《根》终于面世了，引起了巨大轰动，仅在美国就发行了530万册。小说还被改编成电视剧，观众超过了1.3亿，创下了电视收视率的历史最高纪录。他因此获得了普利策奖，收入超过500万美元。

所以，有了目标后，最重要的就是放弃任何借口，立刻将它付诸实施，并且坚持到底。我们常说，千里之行始于足下，就是要求我们行动起来，把心中的梦想通过立刻行动变成美好的现实。如果只是因为自己有一个美好的梦想就沾沾自喜，而忘记了行动的力量，那么无论天上的星星有多么漂亮，你也不能够把它捧在手中，无论对岸的风景有多么迷人，你也不能够亲眼目睹，无论海中的贝壳有多么美丽，你也不能够把它挂在你的胸前。

那么，拖延心理是怎么产生的呢？

许多恐惧是我们意想不到的，许多人明明对一些事情充满着恐惧却不清楚自己到底在害怕什么，有的人声明自己并不害怕但他却一直在逃避某些事情，这些就是潜在的恐惧心理。有的人越是逃避，越是害怕，为了逃避这些，只能慢慢拖延，比如害怕繁重的工作。

通常拖延症患者的时间作息表都是混乱不堪的，比如盲目乐观地估计自己的能力，他会想在睡前加班将工作完成，事实上他根本不清楚自己是否能顺利完成；恐惧确切的时间，有的人十分恐惧时间，比如总是等到主管催了一次又一次，才会交上自己的工作任务；没有具体的规划，拖延症患者根本不知道自己完成一件事情需要多久，也没办法说出自己的具体计划，他们总是想捍卫自己的自由，甚至想逃避时间的控制。

拖延症患者行为与心理的矛盾表现为：一方面他们害怕时间不够用，担心没有时间；另一方面他们不到最后一刻决不采取行动，几乎不能提前开始行动。哪怕是提前开始行动，也没办法坚持下去。对于大部分喜欢拖延的人而言，他们的心路历程就是这样。

有的人喜欢追求完美，当他们在做一件事情的时候，总是犹豫不决，改来改去，直到紧急关头也拿不定主意，无法做出决断。这些问题导致他们对自己应当做的行为一拖再拖。

心灵物语

你是否有这样的表现呢？今天的事拖到明天做，六点钟起床拖到七点再起，上午该打的电话等到下午再打，每天要写的文章攒到最后时刻写，今天要洗的衣服拖到明天再洗，这个月该拜访的朋友拖到下个月。如果你有这些表现，那么你是一个十分拖延的人，应该立刻改掉这个坏习惯。

没有借口，只有完美执行

强者是不会抱怨命运的，因为他知道，命运没有借口。

说到拖沓的习惯，相信许多人都不陌生，因为在平时的生活中，随处可以见到它的身影。在该工作的时候上网冲浪，总是对自己说："明天再去做吧。"但是，正所谓"明日复明日，明日何其多"，在拖沓蔓延的过程中，我们错过了许多完成目标的机会。

曾有人问一个做事拖拉的人："你一天的活是怎么干完的？"这个人回答说："那很简单，我就把它当作昨天的活。"这就是拖沓的习惯，其实，拖沓岂止是把昨天的活今天来干。有人给拖沓下的定义为：把不愉快或成为负担的事情推迟到将来做，特别是习惯性这样做。如果自己是一个做事拖沓的人，那么，生活中我们大部分都在浪费时间，做一件事也需要花很多时间来思考，担心这个或担心那个，或者找借口推迟行动，但最后又为没有完成目标任务而后悔，这就是"拖沓者"典型的特点。对于成功来说，拖沓是一块讨厌的绊脚石，拖沓的习惯会阻碍目标任务的完成。所以，要想获得成功，就需要向目标立即奋进，拒绝拖沓。

马克·吐温曾经说过："如果你每天早上醒来之后所做的第一件事情是吃掉一只活青蛙的话，那么你就会欣喜地发现，在接下来的这一天里，再没有什么比这个更糟糕的事情了。"由此引发出了"青蛙"规则，对每一个人而言，"青蛙"就是最重要的任务，如果我们现在不对它采取行动的话，我们很可能就会因为它而耽误时间，我们的青蛙也可能成为对自己的生活产生最大影响的事情。

有人引申出了"吃青蛙"的两个规则：一是如果你必须吃掉两只青蛙，那么先吃那只长得更丑陋的。简单地说，假如在一天里我们面临了两项重要的任务，那么我们应该先处理更重要的一项，即使重要的任务总是棘手的，但我们也要去吃掉那只丑陋的青蛙。养成这样的习惯，而且一开始就要坚持到底，完成一个目标再接着开始另外一个目标。

二是如果你必须吃掉一只活的青蛙，那么即使你一直坐在那里并盯着它看，也无济于事。摆在面前的即使是一件非常难做的任务，我们也需要立即行动，漫无目的地思索只会浪费更多的时间。必须吃掉一只活的青蛙，可以使我们养成不假思索、立即行动的习惯。

完成既定目标，提高自己的工作效率在于立即行动，即“吃掉那只青蛙”所阐发出来的理论：每天早上要做的第一件事情，就是做对你来说最重要的那件事情，并使之成为一种习惯。这样时间久了，自然就能克服拖沓的毛病。通过大量的研究表明，那些成功人士身上最显著的共性是“说做就做”。一旦他们有了明确的目标，就会立即展开行动，一心一意、持之以恒地完成这项工作，直到完成目标为止。

阿尔伯特·哈伯德出生于美国伊利诺伊州的布鲁明顿，父亲既是农场主又是乡村医生。年轻时的哈伯德曾在巴夫洛公司上班，是一名很成功的肥皂销售商，但是，他却对此感到不满足。1892年，哈伯德放弃了自己的事业进入了哈佛大学，然后，他又辍学到英国徒步旅行，不久之后，哈伯德在伦敦遇到了威廉·莫瑞斯，并喜欢上了莫瑞斯的艺术与手工业出版社。

哈伯德回到美国，他试图找到一家出版社来出版自己的那套《短暂的旅行》的自传体丛书，但是，他没有找到任何一家出版社。于是，他决定自己来出版这套书，他创建了罗依科罗斯特出版社，哈伯德的书出版之后，成为了既高产又畅销的作家。随着出版社规模的不断扩大，人们纷纷慕名而来拜访哈伯德，最初游客会在出版社的周围住宿，但随着人越来越多，周围的住宿设施已经无法容纳更多的人了，因此哈伯德特地盖了一座旅馆。在装修旅馆时，哈伯德让工人做了一种简单的直线型家具，而这种家具受到了游客们的喜欢，哈伯德开始了家具创造业。哈伯德公司的业务蒸蒸日上，同时，出版社出版了《菲士利人》和《兄弟》两份月刊，而随后《致加西亚的信》的出版使哈伯德的影响力达到了顶峰。

有人说，阿尔伯特·哈伯德的一生是无比传奇的一生，他之所以能在多方面获得成功，就在于他从来不拖沓，不断地朝着自己的一个又一个目标而努力奋进。阿尔伯特·哈伯德是一位坚强的个人主义者，一生坚持不懈、勤奋努力地工作着，成功对于他来说是理所当然的。在《致加西亚的信》中，阿尔伯特·哈伯德讲述了罗文送信这样的情节：“美国总统将一封写给加西亚的信交给了罗文，罗文接过信以后，并没有问：‘他在哪里？’而是立即出发。”拖沓、懒散的生活态度，对许多人来说已经是一种常态，要想成为哈伯德这样的人，我们就应该拒绝拖沓。

假如你觉得自己蛮有工作能力，可以在很短的时间内将比较困难的事情做完，那就应该在接到工作任务时马上动手做，这样你完成事情之后就可以玩得更开心，而不是在玩时总想着工作的事情。

假如你认为时间的紧迫感可以令自己发挥水平，那也需要给自己制定一个期限。假如你曾经有过几次临时抱佛脚的经历，却屡遭失败，那最好还是不要尝试这种方法。

如果你经常被琐事烦恼，那就应该学会时间管理，最简单的方法就是要明确自己的目标，经常想想这件事不做对自己以后有什么影响。当你有了时间管理的意识之后，往往能够及时地完成事情。

心灵物语

通常来说，一个人成就的大小取决于他做事情的习惯，克服拖沓是做事情的一个重要技巧。我们要想完成既定目标，取得成功，就应该培养做事不拖沓的习惯，逐渐学习“吃掉那只青蛙”，不断地重复。一旦养成了这个习惯，“完成目标，马上行动”就会成为一件自然而然的事情。

不要总对别人说“我很忙”

如果你是一个做事勤勉的人，那么成功就已经离你不远了。

日本女作家吉本芭娜娜出版了四十本小说和近三十本随笔集，《鲤》杂志曾采访过她："许多女人生了小孩之后就没有闲暇时间了，您现在有了孩子，是如何抽出时间来写作呢？"吉本芭娜娜说："确实没什么时间，但是我一直在拼命。为了争取多一点的写作时间，每天我都在与时间赛跑，最夸张的时候，你能想象吗？我几乎是站着吃饭。"估计许多人看到这里会感到羞愧吧，比起吉本芭娜娜，许多人总是感慨自己时间不够、事情做不完，却从来不去利用那些零碎的时间。

犹太人认为，只有勤勉的人才能够尝到胜利的果实，只有勤勉的人才能够得到命运的眷顾。所以，如果你是一个做事勤勉的人，那么成功就已经离你不远了。

1994年至1995年赛季美国职业篮球协会的最佳新秀杰森·基德，谈到自己成功的历程时说："我小时候，父亲常常带我去打保龄球。我打得不好，总是找借口解释为什么打不好，而不是去找原因。父亲就对我说'别再找借口了，这些不是理由，你保龄球打得不好是因为你总说没时间练习。'他说的对，现在我一发现自己的缺点便努力改正，绝不找借口搪塞。"达拉斯小牛队每次练完球人们总是看到有个球员在球场内奔跑不辍一小时，一再练习投篮，那就是杰森·基德，因为他是一个为成功寻找理由的人。

成功与失败看起来似乎有天壤之别，但促成它们的原因，或许就是一些小小的细节和一些小小的习惯，比如常常为自己没有完成的事情而寻找借口，而大部分的借口则是"我很忙""我没时间"。失败是没有任何借口的，失败了就是失败了，我们在接受失败这个事实的同时，需要反省自己，而不是为失败寻找借口。当然，成功并不是那么随随便便轻易就达到的，我们必须付出艰辛的努力，在成功的道路上，我们要不断为之寻找理由，那些坚持、付出的汗水与艰辛都可以铸就最后的成功。

人们关于自己的未来总会有很多规划，但当他们未能完成时总向别人推诿："我最近很忙，根本没有时间。"迟迟不见有行为，但是如果你想有所获得，有所成就，做哪一件事不会耗费时间呢？我们所经常看到优秀的朋友，举手投足优雅，且写得一手好字，当你在羡慕对方的时候，是否想起对方为了培养仪态、练字又一个人度过了多少寂寞的时光呢？忙和没时间是最糟糕的借口，因为每个人的时间都是一样的，之所以会抱怨没时间，不过是因为你在其他事情上浪费了时间。

财经作家吴晓波说：“每一件与众不同的绝世好东西，其实都是以无比寂寞的勤奋为前提的，要么是血，要么是汗，要么是大把大把的曼妙青春好时光。”如果倾力付出自己的努力，那早晚会从量变到质变，你现在每走的一个脚印，都会成为将来实现人生飞跃的跳板。很多人总会订下许多计划，看书、运动、旅行等，不过常常因没有时间而不得不放弃。

其实即便是上班族，闲暇时间也很多，其中最多的可能就是在路途上，比如上下班的公交车上，或开车过程中，这是最多的闲暇时间。假如我们坐公交车上下班，就可以拿一本书，或手机下载的电子书来阅读，内容根据自己需要而选择。

假如是骑车或开车，那可以利用这段时间来听听东西，诸如英语、评书或其他休闲节目。如果选择学习类的，可以提升自己更多能力；如果是娱乐类的，可以让我们的生活更加开心。

当我们在厨房煮东西，如炖汤之类的，不能一直看着，也不能总不去看。这时我们可以在旁边伸伸腰、做简单的伸展运动，以此锻炼身体。不管是对上班族还是家庭主妇，都可以有益身心健康，节省时间。

排队等待的时间是我们最多的闲暇时间，这时我们同样可以看电子书、听音乐，或是拿出小本和笔记录下自己的心情，对于想当作家的人来说，最好的习惯就是随手都拿着笔和本了。

心灵物语

难道你的生活真的有那么忙吗？真相到底如何你自己心知肚明，别总以忙和没时间当借口，那不过是在为自己的懒惰找理由而已。你若坚持努力，一定会发光，因为时间是所向披靡的武器，聚沙成塔，将人生一切的不可能都变成可能。

不找借口，方法总比问题多

一个不需要借口的人，对自己的言行负责。

人生不应该停留在等和靠上，成功不会像买彩票那样充满侥幸，唯一需要的应该是制定计划并立即执行。不等不靠，现在就去做，表现出来的是一个成功人士应有的精神风貌。如果你是因为没有信心才迟迟不敢行动的话，那么最好的消除障碍的办法就是立刻去做，用行动来证明你的能力，增强你的自信。与其找借口，不如找方法。

李大钊曾经说过：“凡事都要脚踏实地地去做，不驰于空想，不骛于虚声，而惟以求真的态度做踏实的功夫。以此态度求学，则真理可明。以此态度做事，则功业可就。”

面对很多事情，庸者只会说“那个客户太挑剔了，我无法满足他”“我可以早到的，如果不是下雨”“我没有在规定的时间里把事情做完，是因为……”“我没学过”“我没有足够的时间”“现在是休息时间，半小时后你再来电话”“我没有那么多精力”“我没办法这么做”，等等。

乔在公司工作已经三年了，但还在原地踏步，仍然只是一个小职员。虽然他本人对此也感到十分苦恼，但是却毫无办法。乔的主管看见他这个样子，真有种“朽木不可雕也”的感叹。

这次，公司业务部新拉了两个客户过来，主管想给乔一个升职的机会，就把乔喊到办公室：“这次你去吧，客户都是比较好说话的，只要你能随机应变，就一定能完成工作任务。”乔显得有点犹豫：“我……我……我怕我不行。”主管有点生气了，但还是规劝道：“你看跟你一起进公司的人，发展最好的已经晋升到总经理的位置了，你还依旧这样，你也得为自己的工作尽份力量，为公司尽点责任。”乔看着主管恨铁不成钢的模样，硬下头皮接了下来。

等到第二天，已经准备出发，乔来到主管办公室，支支吾吾地说：“主管，看来我真的不行，我到时候把这个客户得罪了，把业务丢了就不好办了，你还是另派一个人去吧。”主管气得说不出话来，只是一个劲地叹气。

乔是真的没有能力吗？NO，他只是在不断为自己逃避责任而寻找借口，诸如“我不行”“如果把客户得罪了怎么办，把业务丢了怎么办”，等等，这样的说辞其实就是借口。寻找借口的唯一好处，就是把属于自己的过失掩饰了，把自己应该承担的责任转嫁给社会或他人。这样的人，在公司里不会被老板信任，在社会上也不会成为大家信赖和尊重的人。

然而，遗憾的是，在现实生活中，我们经常听到这样或那样的借口。上班迟到了，会说“路上塞车”“早上起晚了”；业务成绩不好，就会说“最近市场不景气，国家政策不好，公司制度不行”。对这样一些整天寻找借口的人，只要他们用心去找，借口无处不在。结果，他们把许多宝贵的时间和精力放在了怎么样寻找一个合适的借口上，而浑然忘记了自己的职责所在。

吉姆在公司待了两年了，与他一起进公司的人早就升职加薪了，但吉姆还在原地踏步。每当老板对吉姆说：“吉姆，为什么不去争取做一些有挑战性的业务呢？你在底层锻炼的时间已经够长了。”这时吉姆总是说：“我觉得自己条件还不具备。”这时老板总会摇摇头，欲言又止。

最近，吉姆的一个同事又升职了，这样仅剩吉姆一个人在最底层了。吉姆觉得不服气，他去找老板说：“为什么升职加薪都轮不到我呢？”老板说：“吉姆，你还在为自己找借口，当你觉得条件尚不具备的时候，为什么不自己去创造一些条件呢？如果你用寻找借口的时间和精力去寻找一些恰当的方法，我想不用你来找我，我会主动给你升职加薪的。”

假如所有的行动就好像发射火箭一样，在发射之前所有的设备、程序等条件都必须全部到位，行动只有在发射瞬间，那这个理由确实是合适的。然而，在我们现实生活中，如果真的等到全部条件具备齐全之后才开始行动，那就会丧失机会。“条件不具备”其实也是自己逃避责任的借口，以条件不具备作为借口不行动，那只会延误计划，丧失机遇。如果我们觉得自己能力不足，为什么不去寻找自己到底哪里不足，而不是找借口说“我不行”。

不管做什么事情，都要记住责任，不管在什么样的工作岗位上，都要对自己工作负责。千万不要用任何借口来为自己开脱或搪塞，因为完美的执行力是不需要任何借口的。

借口是一面挡箭牌，这本身就是一种不负责任的态度。时间长了，对自己绝对是有害无益。这是因为你花了太多的时间去寻找各种各样的借口，那就会不再努力去工作，不再想方设法地争取成功。对老板吩咐下来的任务，如果你不想做，就会去找一个借口；如果你想去做，那就会找一个方法。因此，找借口不如找方法。

每天，我们需要对自己说：“我是一个不需要借口的人，我对自己的言行负责，我知道活着意味着什么，我的方向很明确，我知道自己怀着一种使命感做事情。我行为正直、自己做决定并且总是尽自己最大的努力。我不抱怨自己的环境，努力克服困难，不去想过去而是继续去实现自己的梦想。我有完整的自尊，我无条件地接受每一个人，因为在上帝的眼中，我们都是平等的，我不比别人差，别人也不比我好。作为一个没有任何借口的人，我对自己的才能充满信心。”

心灵物语

其实，在每一个借口的背后，都隐藏着丰富的潜台词，那就是逃避困难和责任。不过，如果是智者，他就会说：“我会尽力想办法的。”当许多事情已经形成了定局，我们只能寻找方法，而不是寻找借口。

第08章
克制自我，才能超越自我

克制是一种意志，一种历练，一种节制，一种忍耐。生活中，大凡有所作为，获取更大成功的人，一定是懂得克制的人；一个懂得克制的人，也往往是生活的强者和自己命运的主宰者。

人生最大的敌人，莫过于自己

人生最大的敌人是自己，只要战胜了自己，就跨过了你人生中最大的栅栏。

在这个世界上，最了解你的人就是你自己，人生中最大的敌人同样是自己，一切困难的产生都源自我们的心中，当你明白所有的折磨和障碍全部是自己制造的时候，我们就有机会真正的克服它、战胜它。人生最大的敌人是自己，只要战胜了自己，就跨过了你人生中最大的栅栏。

孟子说“天将降大任于斯人也，必先苦其心志，劳其筋骨，饿其体肤，空乏其身……”上天折磨我们正是要降我们以大任。如果我们在折磨中能够保持乐观的心境，磨炼更加坚强的意志，那等到大任到来的那一天，我们才会更加从容淡定，沉着应对。如果我们一直待在“安乐窝”里，那么，面对大任，我们就会感到茫然无所适从，面对大任中的困难我们就会退却。所以，面对折磨，我们要锻炼更坚强的意志。

恐惧源自于想象，折磨源自于内心。一个人内心的屈辱感，对现实的恐惧，对未来的绝望，更能折磨一个人。世界上自杀最多的人是诗人、画家、哲学家，并不是因为他们面对了更多的折磨，而是他们感知折磨的心最敏感，内心不敏感不足以捕捉生活中的异相和成就作品，内心过于敏感，就更容易感知痛苦和折磨，更容易厌世与轻生。

在非洲中部地区干旱的大草原上，有一种体形肥胖臃肿的巨蜂。巨蜂的翅膀非常小，脖子也很粗短。但是这种蜂在非洲大草原上能够连续飞行250公里，飞行高度也是一般的蜂所不能及的。它们平时藏在岩石缝隙或者草丛里，一旦有了食物立即振翅飞起。尤其是当它们发现这一个地区气候开始恶劣，就要面临极度干旱的时候，他们会成群结队地迅速逃离，向着水草丰美的地方飞行。而其他的蜂类就不同了，一旦遇到恶劣的天气，成千上万的蜂往往就束手无策，在顷刻之间就无影无踪了。这种强健的蜂因而被科学家们称为非洲蜂。

但是科学家们对于这种蜂却充满了无数的疑问。因为根据生物学的现论，这种蜂体形肥胖臃肿而翅膀却非常短小，在能够飞行的物种当中，它是飞行条件最差的。因为如果按照飞行条件，它还不如鸡、鸭或鹅优越，尤其在蜂的大家族里，它更是身体条件最差的。而根据物理学的理沦，它的飞行就更是不可思议的事情了。而再根据流体力学，它的身体和翅膀的比例是根本不能够起飞的！

按照科学家的理论，这种蜂不要说自己起飞，就是我们用力把它扔到天空去，它的翅膀也不可能产生承载肥胖身体的浮力，会立刻掉下来摔死。可是事实却是恰恰相反的，它不仅不用借助我们的力量，它完全依靠自己的力量飞行，而且是飞行的队伍里最为强健，最有耐力，飞行距离最长的物种之一。科学家们从来也没有遇到过对科学进行这样残酷挑战的物种。因为在这个小小的物种面前，所有关于科学的经典理论都不成立。

折磨分为两个方面，一方面是你肉体和心灵实际受到的折磨，一方面是你的内心对这种的感知程度。我们内心对屈辱、恐惧、绝望的感知就是一个放大镜，它会将我们受到的实际折磨无限扩大，直到觉得无法承受。一个人最大的敌人就是自己，最大的折磨，就是内心的感知。这并不是要我们麻木无知，而是要我们锻炼心理的承受能力。既然折磨是我们人生中不可缺少的一部分，那就让自己享受折磨，在折磨中变得更加坚强，更加沉着和成熟，收获更加坚韧丰富的人生。

心灵物语

人生最大的磨难，不是生活给了你多少折磨，而是你的内心怎样对待它。只要我们拥有宽广的心胸，坚强的意志，乐观的精神，就能够笑着面对任何苦难和折磨，就能把折磨我们的地狱变成天堂。

人生，是一次自我完善的修炼

要使自己能够站在广阔、不偏的视野上观察自己的素养，要保持自己的事业永不衰败，这种旅行是绝对的必需。

一个人如果想取得一番成就，实现心中的梦想，就必须下决心克服自己身上的那些弱点和缺点，尽可能弥补缺陷，修炼自己的心灵，完善自己的人格，这样才能成就人生的理想和事业。每个人都有另外一个我，深深地藏在心中，不为人知，这就是真实的自己。如果人们想找回真正的自己，需要不断完善自己，克服弱点，这样才能真正成为自己。

想征服世界，就需要不断地进行自我完善。人生就是一个不断完善和超越自我的过程，即使我们不可能凡事做到尽善尽美，但是，我们应该努力让自己更好一点，努力去追求完美。只有向前努力了，生活才会给予你相同的回报。俗话说："尺有所短，寸有所长。"我们只有真正了解自己的长处与短处，才能避己所短，扬己所长，这样才能给自己的人生进行准确定位。因为，当我们认识到自己的不足之处时，要不断完善自己，也就是进步的开始。

在美国第一任总统华盛顿的纪念碑旁竖着一块小石头，上面这样写着："美国不建立贵族和皇室封号，也不要世袭制度，国家事物概由人民投票公决。"这几句话表达了美国人民追求民主、自由、幸福的强烈内心愿望，即使美国已经完全独立了，但它依然需要人民的支持与监督。在生活中，我们每个人都有自己的不足之处，只有不断地学习别人的长处，弥补自己的不足之处，才能完善自己的缺陷。当然，如果你总是感觉完善自己，向他人学习是一件丢脸的事情，那么，更丢脸的是自己不明白却装着很懂的样子。

在美国有个很有钱的富翁，但是，他却得不到别人的尊重，为此，他很苦恼，每天都想着如何才能得到他人的敬仰。一天，富翁在街道上散步，看到旁边有一个衣衫褴褛的乞丐，他心想自己机会来了。于是，富翁便在乞丐破碗中丢下了一枚金币，可是，乞丐却头也不抬，自己忙着捉虱子，富翁感到很生气："你眼睛瞎了吗？没看到我给你的金币？"乞丐还是没有正眼瞧他，回答说："给不给是你的事，不高兴你可以要回去。"富翁很生气，又丢了十个金币在乞丐的碗中，心想这一次乞丐一定会向自己道歉，却不料，那个乞丐还是不理不睬。

富翁几乎要跳起来了，咆哮道："我给你十个金币，你看清楚，我是有钱人，好歹你也尊重我一下，道个谢你都不会？"乞丐懒洋洋地回答："有钱是你的事，尊不尊重则是我的事，这是强求不来的。"富翁一下子着急了："那么，我将我的一半财产分给你，能不能请你尊重我呢？"乞丐翻着白眼看着他，说："给我一半财产，那我不是和你一样有钱了吗？为什么要我尊重你。"一着急，富翁说道："好，我将所有的财产都给你，这下你可愿意尊重我了吗？"乞丐回答道："你将财产都给我，那你就成了乞丐，而我成了富翁，我凭什么要尊重你？"富翁一下子好像明白了什么，他抓住乞丐的手，真诚地说了一句："谢谢你！"乞丐改变了之前的态度，正看看着他说："不用客气，您请慢走。"

如果一个人只看到了别人的缺点，却看不到别人的长处，那么乞丐也不会尊重他。俗话说："三人行必有我师。"哪怕是一个乞丐，在他身上也同样有值得我们学习的地方。自我完善就是一个不断学习的过程，只要我们善于学习，能看到别人的长处，懂得取人所长补己之短，努力使自己更好一点，那么，总有一天会成为一个成功者。

在生活中，无论是遇到什么样的人，也不管是比我们更优秀的人还是比自己稍逊色的人，我们都应该主动去倾听对方的想法和建议，在这一过程中，你会发现自己总是能够从别人的意见中受到启发，能够学到一些利于自己成长的经验。我们永远要记住"山外有山，天外有天"，对方身上可能有着自己没有的优点，而虚心地学习对方的长处，能够弥补自己的不足，从而完善自己。

一位著名的芝加哥商人这样说，自己需要花一个星期的时间去拜访国内的各同行商店，彼此交换自己对经营的看法，每年总要外出旅行一次，去考察各家著名商店的管理与经营。在每一次拜访与旅行中，他都在不断地完善自己，努力使自己的商店更好一点。试想，假如他不出自己的店门一步，不同其他商人交流，那么他自己所经营的商店就不会获得进步，永远在原地踏步，直至被社会所淘汰的那一天。

没有人在生活达到某一点就表示自己已经满足了，正是由于不满足而不断超越自己，所以赢得了最后的成功。如果我们总是自我满足、不思进取，那么无论是生活还是人生都将从此开始衰落。

心灵物语

每天早上起床时，我们要下决心力求每一件事都比昨天要有所进步。当我们把事情做得比昨天更好些，每天向前走几步，一段时间过去之后，你就会发现，自己会取得惊人的进步。

心中有阳光，处处皆光明

积极的心态是一个人战胜艰难困苦，走向成功的助推器，试着和不幸做朋友吧！

一个人若能够容忍他人的侮辱和冒犯，能够坦然接受失败和挫折，这样的人就是有担当的人，他们在逆境之中总能保持积极的心情，能够在紧急的事情面前调整心态，做好事情。

当生活的不幸降临的时候，你该怎么对待呢？有的人感到这好像是天塌下来了，什么都完了，他除了抱怨还是抱怨，总是向他人倾诉：“我的命怎么这么苦啊？”结果，越想越苦，慢慢地，他也被不幸吞噬了。有的人则不然，他把生活的不幸当作自己的朋友，甚至，当成自己人生的财富，后来，不幸真的成为了他的朋友，当然，“朋友”是不会为难朋友的，他摆脱了不幸的遭遇。前者是拥有消极心态的人，在不幸遭遇面前，他只会生气、抱怨；后者是拥有积极心态的人，他总是将生活的不幸当朋友一样看待。对此，智者这样告诉我们：当生活的不幸来临时，积极的心态是一个人战胜艰难困苦，走向成功的助推器，试着和不幸做朋友吧！

35岁的王阳明在官场得罪了宦官刘瑾，而被廷杖四十，之后被流放到贵州龙场做驿丞。翻越千山万岭，风餐露宿，终于到达驿站。但眼前的驿站已经不能用破败不堪来形容了，墙壁已经倒了一面，茅草屋顶被大风刮得只剩下一点枯草，床铺破烂不堪，而且还发霉长出了毛。事实上，就算是这样恶劣的地方，被流放的王阳明也是没有资格住的。

王阳明看着眼前崎岖的山路，心里有一种说不出的滋味。但自己不是要做圣人吗？如果这么一点点困难都不能坚持过去，如何成为圣人？想到这里，王阳明不再茫然，而是涌出一股壮志豪情，这外界的环境又怎么能束缚自己的内心呢？

于是，他带头砍树割草，开始搭建茅屋，在他的带领下，随行的人都抛开之前那种消极的情绪，开始积极投入到劳动中。一个人只有在最艰难的时刻，潜能才能被激发出来。王阳明发现，当所有人都在搭建茅草屋的时候，精神好多了，好像力气也恢复了，每个人都被激发出一种神秘的力量。

面对生活的不幸，垂头丧气并没有任何作用。我们所要做的，是调整内心的情绪，除了坦然面对，还需要改变我们的心态，凡事都往好处想。即使在不幸之中也要有希望，只要我们能抓住这种希望，并且，把它当作前进的动力，我们就能够在不幸中重新站起来。

纵观那些卓有成就的历史人物，他们无一不是从不幸的遭遇中顽强奋斗并有所成就的，在他们身上，都有一个显著的特点：以乐观的心态面对不幸，将不幸当成自己的朋友。对于每一个人来说，生活和事业都不可能一帆风顺，都会遇到各种困难和不幸，但是，只要我们将不幸当成朋友，永远怀有事情还有转机的乐观心态，我们就一定能赢得成功。

一位将军去沙漠参加军事演习，妻子塞尔玛需要随军驻扎在陆军基地里。沙漠干燥高热的气候，全然陌生的环境，令塞尔玛感到很难受，而身边又没有可以倾诉的人，于是陷于孤独的塞尔玛经常给父亲写信，在信中透露出自己想回家的强烈愿望。然而，拆开父亲的回信，只有短短的两行字：“两个人从牢中的铁窗望出去，一个看到泥土，一个却看到了星星。”父亲的回信令塞尔玛十分惭愧，她决定要在沙漠里寻找星星。

从此以后，塞尔玛开始与当地人交朋友，彼此之间互相赠送礼品，闲来无事，她开始研究沙漠里的仙人掌、海螺壳。慢慢地，她迷上了这里，通过亲身的经历，她还写了一本书，名为《快乐的城堡》。

沙漠并没有改变，当地的印第安人也没有改变，是什么使塞尔玛的生活发生了巨大的变化呢？心态，当然是心态，以前惧怕陌生的塞尔玛看到的只是泥土，但是，当这样的心态发生变化之后，她开始慢慢适应这个陌生的环境，并在体味中追寻到了快乐，甚至，她在沙漠里找到了星星。

如果我们能将不幸当成朋友，克制内心，以积极乐观的心态看问题，我们就会发现，好像自己并没有想象中的不幸。磨难虽然来得无声无息，但是，它却在悄悄考验我们的情绪反应，如果我们能够乐观面对，顽强抗争，逃离磨难的阴影，那么，我们将重新给心以幸福的方向，自己也将变得更加完美。

克制自负，弯腰使你更优秀

弯腰，是为了让自己的腰板挺得更直。

一个人身处困境或者遇到不如意的事情，选择逆来顺受，这是暂时的弯腰。每个人都有这样的经验，当你弯腰下去，那么下一个动作就是有力地站起来。这两个看起来很迅速的简单动作，在人生的道路上却显现出不同的姿态。弯腰，在许多人看来这好像很没有骨气，还会让人联想到那些阿谀奉承、溜须拍马的嘴脸，自然还会想到那些宁折不弯的傲然风骨。五柳先生的气节，不为五斗米而折腰；将士们的坚硬，士可杀而不可辱。这些都让人们对"弯腰"嗤之以鼻，而颂扬那宁折不弯的气节。

其实，在很多时候，人们都有这样认识的误区。韩信曾受胯下之辱，因为弯腰而成就了伟业；勾践卧薪尝胆，因为弯腰而复兴了国家；司马迁受宫刑之辱，因为弯腰写下了史家之绝唱。即便是那位赫赫有名的刘皇叔，也曾寄人篱下，寻求庇护，因为弯腰而成就了霸业。难道他们都是没有骨气的人吗？当然不是，真正有骨气的人，不拘小节，放得下架子，能在适当的时候弯腰，能为了难以忍受的屈辱而弯腰，这样才能够成就大事业。所以，当他们懂得了弯腰，就会有力地站起来，因而弯腰是为了挺起而做准备。

小王大学毕业后，为了锻炼自己的能力、积累社会经验，一直在做业务方面的工作。这样，逐渐地积累了一些经验，他为了更好地发展，跳槽到一家大型公司的业务部，他所担任的职位是协助新来的业务经理开展工作。那个业务经理也是新人，刚到公司一个多月，小王在工作中与他相处一段时间，就发现了那位经理不但在工作中存在着许多问题，而且脾气也很臭。他业务能力很差，几乎都是依靠下面的业务员拿业绩，而且心胸狭隘，也不懂得尊重人，总是带着命令的口吻与下属讲话。如果工作中不小心出了错，他也不顾及你的颜面，当众就把你教训一顿。因此，许多业务员实在受不了，和他发生了争执就辞职走人了。

面对这样的经理，小王心里也很窝火，因为他自己也经常被训斥。但是，他并没有发作，而是始终赔着笑脸，因为他心里很清楚，摆在他面前的只有两个选择，要么和他大吵一架，然后走人；要么就是忍辱负重，等待时机。聪明的他选择了后者，半年以后，公司高层也发现了业务经理的问题，通过调查，认为他不适合做业务经理，就找了个理由把他辞退了。而小王，因为一直表现不错，被公司任命为业务经理，这下子，小王如鱼得水了，很快把业务开展了起来，为公司创造了很大的经济效益，赢得了公司上上下下的尊重。又过了几年，他被提拔为主管业务的副总经理，过上了有房有车的生活。每当谈起这一切的时候，小王就不无感慨地说："我能有今天，就是因为我当初懂得弯腰，而没有意气用事！"

在每一个人的成长过程中，难免会遇到一些坎坷与挫折，遇到一些不尽如人意的事情，在这个时候，懂得弯腰，以一种隐忍的沉默来面对，以一份从容的心态去面对眼前的境遇，这就是一种曲中求直的境界，是一种审时度势大智若愚的胸怀。弯腰并没有什么过错，只要你没有丧失志向，就有东山再起的机会。小王懂得了弯腰，在隐忍之后，他迎来了事业的春天。

人生的旅途上，并不可能一帆风顺，总是坎坷不平，有高峰，也有低谷，漫步在这样的人生，我们肩负着沉重的包袱，压得我们透不过气来。从小到大，我们被教导着"永远不要趴下，站直了""做一个顶天立地的人"，但深刻的佛学思想却启发出一个简单而又深奥的道理，那就是学会弯腰。

据说，印度的孟买学院是世界上最著名的佛学院之一，这个学院历史悠久，有着辉煌的建筑，也培养出了许多著名的学者。另外，孟买学院有一个细节是别的佛学院所没有的，那就是在大门的一侧又开了一个高仅1.5米、宽仅0.4米的大门，所有的人都能轻易地进入，只要他弯着腰。虽然许多初到学院的人感到不解，但之后就无一例外地承认，这个小小的细节让他们受益无穷。

心灵物语

弯腰，是为了让自己的腰板挺得更直，宁折不弯是值得称赞的，然而，如果只是为了争一口气而宁折不弯，只是为了面子，那就僵化了这种高尚的气节。弯腰并不是一种耻辱，而且也激发你的斗志，让你变得越来越强大。弯腰是一种智慧，这样的智慧会伴你走过人生路上的每一段风雨，迎来另一番彩虹绚丽的天地！

第09章 心随境迁，一切顺其自然

世上之事，大抵如此。有缘而来，无缘而去。该来的自然会来，不该来的盼也无用，强求也无果。一切随缘，顺其自然，人世间的事情终归不能如意。我们所能做的就是，努力无悔，尽心无憾。

活着，别太过于在意别人的眼光

我不需要讨好所有的人，我不需要在意别人的目光，我只需要做自己喜欢的事情。

卡耐基说：“你见过一匹马闷闷不乐吗？见过一只鸟儿忧郁不堪吗？马和鸟儿之所以不会郁闷，是因为它们没那么在乎别的马、别的鸟儿的看法。”在生活中，许多人由于太在意别人的目光而失去了自我，这简直是得不偿失。当然，我们作为社会人，生活在各种各样的关系中，完全不在意别人的目光是不可能的。事实上，我们对自己的评价，很多时候是需要借助别人对我们的看法而作出的。

在很多时候，我们会特别羡慕那种所谓的“好人缘”，似乎每个人都能与他聊到一块去，他说的每一句话，所做的每一件事，都以大家的目光为标准。在公司，上司说这个方案不行，他一句话不说，马上改成了上司喜欢的方案；挑剔的同事说，你今天的打扮好像不太和谐，第二天，他就真的换了一套符合同事眼光的服饰；在家里，爸妈说，你新交的男朋友没有固定的工作，她就真的决定与男友分手，重新找了一个能让父母觉得满意的男朋友。在这个过程我们都会发现，自己不过是因为太在意别人的目光而讨好身边的人而已，我们已经逐渐失去了自我。

小燕是一名歌手，以前，她也有过抱怨的时候，每次上节目，她都会抱怨：“自己太辛苦，实在受不了压力太大的生活，有时候，太在意别人的目光，我需要讨好歌迷、媒体，我一年发行两张专辑，但是，自己又想把工作做得更好，这样的工作量简直令我崩溃。”以前的工作时间安排得很紧，白天上通告做宣传，晚上，还要去录音棚完成下一张专辑的录制，这样的生活超出了小燕可以承受的范围，每天，她都感觉到很累，但是，心中的怨气却无处诉说。最后，在内心快要崩溃的时候，她选择了退出歌坛。

在四年的休息时间里，小燕做自己喜欢的事情，她说："以前大家都是看我怎么变化，而我因为这样会很在意大家是怎么看我的。现在我是用自己的脚步来看大家的改变。虽然，现在，我年纪大了，似乎变得老了一些，但是，年龄并不是我能掩盖的东西，我也想永远年轻，但是，我懂得这就是时间给我的礼物。在我成长的过程中，我得到的最大一份礼物是不用费劲去证明大家是怎么看我的，而是只需要做自己喜欢的事情，跟着自己的步伐，在以后的时间里，如果我能完全坚持自己的选择，那就是最好的生活。"或许，年龄对于小燕来说，似乎变得大了一些，但是，正是这样一个年龄，是一个不需要讨好任何人的时候。

最近，小燕复出了工作，在工作上，她已经与唱片公司达成了一致的意见，不需要拿任何事情炒作新闻，同时，不需要为了赢得名气而故意报唱片的数字，自己可以自由自在地唱歌，这恰恰是小燕最喜欢的一种状态。

小燕告诉所有的媒体："我不需要讨好所有的人，我不需要在意别人的目光，我只需要做自己喜欢的事情。"然而，就是这样一句话，令所有的媒体工作者既羡慕又嫉妒，因为，对于媒体工作者来说，他们的工作无时无刻不是在意别人的目光，是在讨好所有的人，从而将自己的委屈和自尊放弃。每天，都有许多人为了人际交往，为在意别人的看法而活，他们在这样的过程中感到很累，甚至，感觉到心力透支。

在生活中，不管是一个什么样的人，不管这个人做不做事，是少做事还是多做事，做的是什么事，他都会招来别人的看法和评价。而对于那些目光和议论，有的人会把它作为自己行动的标准，他们很在意别人是怎么看待自己的。结果所导致的情况是，他们在做事情时畏首畏尾，把自己搞得很紧张，好像自己在为别人而活似的。其实，根本没有必要这样，因为我们不是演员，我们的目的就是要做好自己的事情，又何必那么在意别人的目光呢？

心灵物语

对于别人的目光，我们需要考虑，但并不是过分地注重，否则，你就会感觉到自己活得很累。你总是在想别人是怎么看待自己的，你总是经过别人的目光来修正自己，到最后，你会完全失去自我，从而变成一个别人目光中的自己，更为严重的是，你将变得闷闷不乐、忧虑不堪，完全失去了心灵应有的轻松与快乐。

成熟，就是接受世俗

我们可以很好地融入世俗的社会，但是，却不要成为一个世俗的人。

一说到“世俗”，就连那些目不识丁的老太太顷刻间也会心领神会。“世俗”到底是什么？举个很简单的例子，如果你想问题、做事情以及处理大大小小的细节方面都按照与别人一样的想法思考问题的时候，那么，你就世俗了。当然，对待世俗，每个人都有自由的权利。任何一个人都可以选择世俗，也可以选择超凡脱俗。虽然，“世俗”确实是存在的，但是，人们在谈到它的时候，难免会皱眉，这个词儿毕竟是贬义大于褒义。对于社会中的一分子，如何对待世俗，才能获得身心轻松呢？

对世俗，我们应该了解，应该接受。你应该明白，哪些是世俗的，并且接纳它们。当然，你也可以选择与屈原一样，不与世俗同流合污，遗世而独立。但是，我们却不能成为屈原，当别人都在骂我们是疯子的时候，我们没勇气像屈原一样对他们说“举世皆醉我独醒”的疯话来。因此，我们需要了解世俗、接受世俗，不过，这并不代表逢迎世俗。简单地说，我们可以很好地融入世俗的社会，但是，自己却不要成为一个世俗的人，所谓“出淤泥而不染”，道的就是如此。

陶渊明曾写了这样一首诗：“少无适俗韵，性本爱丘山。误落尘网中，一去三十年。羁鸟恋旧林，池鱼思故渊。开荒南野际，守拙归园田。方宅十余亩，草屋八九间。榆柳荫后檐，桃李罗堂前。暧暧远人村，依依墟里烟。狗吠深巷中，鸡鸣桑树颠。户庭无尘杂，虚室有余闲。久在樊笼里，复得返自然。”

在封建社会，多少人为了求得一官半职而苦读十载，但陶渊明却竟然不愿意为五斗米折腰而愤怒辞官归隐。他两袖清风，一气之下愤然绝迹官场，如此的高风亮节确实让人拍案叫绝。

官场黑暗，陶渊明愿意与世俗绝缘，愤然辞官归隐。当然，做出这样超凡脱俗的举动是不为世人所理解的，代价也是很大的，不过，对于他的胆识和傲骨还是由衷地佩服。现代社会的我们，早已经成为了社会中的一分子，夹杂在各种各样的关系中，我们不能脱离社会而独立存在。或许，我们做不到无缘世俗，但却可以做到“不逢迎世俗”。

陈道明饰演的方鸿渐有一种很茫然的笑容，很瘦，目光里有一种说不清的东西。有人说他的魅力在于眼神，那是一种锐利而内涵丰富的眼神，即使在低头的时候，也隐隐带着黑夜的气息；抬头的时候，目光明澈，像冰冷的阳光。

大多数明星喜欢活在鲜花与掌声中，但他却不一样，低调的华丽显现他超凡脱俗的气质。许多明星硬是编也要为自己编一个绯闻的故事，但他却远远躲着绯闻。对于世俗，他从来不逢迎，问到他最喜欢的事情，他只是这样回答：“我最喜欢的事？就是搬一凳子，往那儿一坐，看天发呆。”

有人说，陈道明是活在夹缝中的人。在他那精湛而淳朴的生活艺术中，感性与理性并存，清高与亲切并存，冷漠与多情并存，超脱与世俗并存。听说，陈道明平时就爱干四件事：读书、上网、弹琴、打球。不过，在网上的一个关于他的资料库里，还赫然写着：麻将。看来，对于世俗的东西，他还是接受的。

张爱玲曾在《天才梦》中说：“……直到现在，我仍然爱看《聊斋志异》与俗气的巴黎时装报告……”似乎，她这个女人确实俗透了，但是，仔细一端倪，发现她的世俗却又是别具一格的。

在历史上，有许多世俗到了极点的人，正因为他们将“世俗”坚持到底，反而走向了另外一个极端，慢慢地，从世俗走向了卑鄙、无耻、市侩。比如臭名昭著的秦桧，他就是一个世俗到极点的人，为了一己之私而不择手段地做出卑鄙之事：假传圣旨宣岳飞收兵回府，将岳飞父子以“莫须有”的罪名杀害于风波亭。因过度世俗，秦桧成为了历史上卑鄙无耻之徒的“典范”。

心灵物语

生活中，没有一个人能真正地做到超凡脱俗，我们不过都是一介凡夫俗子，又怎会脱离世俗而存在呢？对世俗，我们要多了解，主动接纳它，但是，对于世俗的人和事，不要曲意奉承，而是努力做好自己。

心胸豁达，别让小事折磨自己

人们不曾被大石头绊倒，却因小石头而摔了一跤。

生活中，有许多这样的人，他们往往能勇敢地面对生活中的艰难险阻，却被小事情搞得灰头土脸，垂头丧气。其实，生活在这个世界，每天我们所遭遇的琐碎小事可以说是不胜枚举，如果我们总是较真，总是为那些眼前的小事烦恼，那我们将郁郁寡欢。太过较真，犹如握得僵紧顽固的拳头，失去了松懈的自在和超脱。生命就是一种缘，是一种必然与偶然互为表里的机缘，有时候命运偏偏喜欢与人作对，你越是较真去追逐一种东西，它越是想方设法不让你如愿以偿。

那些习惯于较真的人往往不能自拔，仿佛脑子里缠了一团毛线，越想越乱，他们陷在了自己挖的陷阱里；而那些不较真的人则明白知足常乐的道理，他们会顺其自然，而不会为眼前的事情所烦恼。在山坡上有棵大树，岁月不曾使它枯萎，闪电不曾将它击倒，狂风暴雨不曾把它动摇，但最后却被一群小甲虫的持续咬噬给毁掉了。这就好像在生活中，人们不曾被大石头绊倒，却因小石头而摔了一跤。

第二次世界大战后，一位名叫罗伯特·摩尔的美国人在他的回忆录里写下了这样一件事：

那是1945年3月的一天，我和我的战友在太平洋里的潜水艇里执行任务。忽然，我们从雷达上发现一支日军舰队正朝着我们开来。几分钟后，6枚深水炸弹在我们潜水艇的四周炸开，把我们直压到海底280英尺的地方，尽管如此，疯狂的日军仍不肯罢休，他们不停地投下深水炸弹，整整持续了15个小时，在这个过程中，有十几枚炸弹就在离我们几十英尺左右的地方爆炸。倘若再近一点的话，我们的潜艇一定会炸出一个洞来，我们也就永远葬身太平洋了。

当时，我和所有的战友一样，静躺在自己的床上，保持镇定。我甚至吓得不知如何呼吸了，脑子里仿佛蹿出一个魔鬼，它不停地对我说：这下死定了，这下死定了。因为关闭了制冷系统，潜水艇内的温度达到40多度，可是我却害怕得全身发冷，一阵阵冒虚汗。15个小时之后，攻击停止了，那艘布雷舰在用光了所有的炸弹后开走了。

我感觉这15个小时好像有15年那么漫长，我过去的生活一一浮现在我眼前，那些曾经让我烦恼的事情更是清晰地浮现在我的脑海中——爸爸把那个不错的闹钟给了哥哥而没给我，我因此几天不跟爸爸说话；结婚后，我没钱买汽车，没钱给妻子买好衣服，我们经常为了一点芝麻小事而吵架……

但是，这些当时很令人发愁的事情，在深水炸弹威胁我的生命时，都显得那么荒谬和渺小。当时，我就对自己发誓，如果我还有机会重见天日的话，我将永远不再计较那些眼前的小事了。

做人要潇洒点，不要总是为眼前的小事而烦恼，如此简单浅显的道理，我们却始终不能明白。有些事情在我们经历时总也想不通，直到生命快到尽头时才恍然大悟，如果上帝不再给我们一次机会，那岂不是永远的遗憾。

可能，生活中的我们总为眼前的事情而发愁，可能是没钱买房子，可能是没钱买车，可能是没钱给自己和亲人买好看的衣服，但这些事情总会成为过去。正如“面包会有的，牛奶会有的”，一切总会好起来的，有这样良好的心态，何必还与自己较真呢？

心灵物语

在这短暂的人生中，记住不要浪费时间去为眼前的事情而烦恼，虽然我们无法选择自己的出身、无法选择自己的机会，但我们可以选择一种心态看待问题。凡事看得开，看得透，看得远，我们就能赢得一份好的心情。

输赢，不是人生的全部

如果我们没办法决定是输还是赢，那就选择平和的心态。

在兵法中，有这样一句话：“胜败乃兵家常事。”简单的一句话，却启示给人一个大道理：尽量将输赢丢开，胜败皆是常事。其实，在生活中何尝不是这样呢？当我们遭遇失败的时候，需要告诉自己：“将输赢丢开。”不要在乎自己到底是输了还是赢了，你越是计较，心情就越是糟糕。确实，生活中从来没有输赢，我们所需要保持的是淡定的心态，对于我们每个人而言，生活是风云变幻的，那些意想不到的事情总会在我们不经意的时候发生，既然输赢的结果已经出现了，那我们所需要的就是保持一颗平常心，不计较输赢。

面对失败，我们不能因一时的挫折而丧失斗志，一蹶不振，不能因为一次输赢而患得患失，失去了面对失败所需要的平和心态。有时候，人生就是一场又一场的赌博，输赢并不是自己所能决定的，我们所能做好的就是填满中间空白的过程，如果我们没办法决定是输还是赢，那就选择平和的心态。

大学毕业后，他放弃了父母托关系为他找的铁饭碗工作，只身带着单薄的行李南下，来到了炙手可热的沿海地区。虽然每天做很简单、枯燥的工作，但他都能从中得到自己的快乐，而且他好学，遇到什么不懂的问题都会向同事请教。时间长了，老板欣赏他的踏实与认真，晋升他为秘书。之后，不断地升职，他已经在企业小有名气，这时候，他毅然放弃了高薪职位，拿着多年的积蓄，开了一家小公司。在他的努力经营下，小公司一天天成长，他成了远近闻名的大老板。

在那年的金融海啸中，他的公司不幸也遭遇了很大的冲击。得知消息的时候，他还在家里，父母担心地看着他。他很平静，反而安慰父母："没事，当年我也是一无所有，现在不过是时间的问题而已。"他回到了公司，有条不紊地处理事宜，员工看着平静的他，本来慌张的情绪也放下来了。公司该接的任务还是照接不误，好像什么都没变，公司一步步走上了正轨。

以平和的心境接受失败，不计较输赢，因为胜败乃是常事，然后对于失败之后的残局，有条不紊，泰然处之。在上面这个案例中，我们所能够学到的是平和的心境，那种临危不惧的心态。在生活中，我们会遇到这样或那样的事情，可能会计较，不承认自己输了，或紧张、慌乱、无措，但只要你保持良好的心态，淡定从容，事情看起来就没那么糟糕，所谓"船到桥头自然直"，在平和的心境下，变为不利有利，一切困境都会过去。

胡雪岩刚开始做丝绸生意的时候，就面临了一次失败。当时，胆大的胡雪岩买下了湖州所有的蚕丝，打算自己来控制价格，以此打击洋商。没想到，生意最后是做好了，可前前后后算起来，最后却倒赔了一万多两银子，再加上之前欠下的旧债，差不多有十几万两。面对如此的打击，胡雪岩依然镇定自若，该拿给朋友的分红，他一分不留，整个人身上看不到一点"输"的痕迹，因为他知道，只要自己内心不败，总有一天会成功。

后来，上海挤兑风潮来临，胡雪岩又一次站在输赢的转角。当时，上海阜康钱庄的挤兑风潮已经波及到了杭州，胡雪岩正全力调动、苦撑场面，费尽心机保住阜康钱庄的信誉，试图重振雄风。可是，在这关键时刻，可谓是“屋漏偏遭连阴雨”，宁波通裕、通泉两家钱庄同时关门。原来，这通裕、通泉两家钱庄是阜康钱庄在宁波的两家联号，胡雪岩意识到这次自己真的要输了。朋友德馨打算出面帮忙，并愿意垫付二十万两银子维持那两家钱庄，胡雪岩很感动，却婉拒了这一好意，他觉得自己已经不能挽回败局，也不想拖累朋友。于是，胡雪岩决定放弃通裕、通泉两家钱庄，全力保住阜康钱庄。

面对危机，胡雪岩能够输得起，经过一番考虑之后，他总结出了一个道理：人生做事，必然会有输有赢，胜败乃是兵家常事，关键是心里不能输。既然选择了做生意这样有风险的事业，就要“赢得起，更要输得起”。

胡雪岩说：“我是一双空手起来的，到头来仍旧一双空手，不输啥！不但不输，吃过、用过、阔过，都是赚头。只要我不死，你看我照样一双空手再翻过来。”因为那份坦然的心境，胡雪岩虽然输了，但输得漂亮，实在令人佩服。在生活中，输与赢不过是不同的结果而已，任何一个人，既要有赢的渴求，同时，也要有输的心理准备。

心灵物语

输赢乃常事，我们所能做的就是始终保持一种平和的心态，因为生活本就没有输赢；即使输了，也不要输了斗志，不要输了志气。如果你总是计较生活中的输赢，那估计你常常会成为输家，而非赢家。

坦然接受命运的不公

只有坦然接受命运的不公，才能安然享受生命的平等。

比尔·盖茨说：“社会是不公平的，我们要试着接受它。”在这个世界没有绝对的公平，假如真的绝对公平了，反而会是另外一种不公平。一个人从呱呱坠地，就有很多的不公平，有可能是出生背景不同、家庭关系不同、受教育程度不同，这些对我们而言都是另一种公平。面对这样的情况，如果我们处处较真，抱怨上天对我们的不公平，那只会让自己陷入一个痛苦的怪圈。而最让我们感到心里不平衡的，那是从前跟我们在一个水平线上的人，今天突然之间变得不一样了，一起工作他却升职加薪了，一起做生意他却发财了。别人做事情总是处处顺利，而自己则是处处碰壁。每天我们为了生存，不得不努力地挣扎着，以争取属于自己的那片天地。但在很多时候，我们努力了，却没有得到期望的结果。这时不要较真，不要哭泣，也不要怨天尤人，我们需要平静地面对这个世界，因为在这个世界没有绝对的公平，我们只求心灵平衡。

一个人活着，他就注定了有机遇、有坎坷、有欢乐、有痛苦，即便我们付出了所有的精力和心血，都不会换来绝对公平的待遇。在生活中，有的东西既然别人得到了，我们就不要再去争，这样只会徒劳无益；假如自己得到了，那就好好珍惜，别人也不会轻易就能剥夺你的所有。在这个世界上，从来都是一分耕耘，一分收获，有所失才会有所获得，只有有了对生活、对工作的付出，才有可能得到期望的回报。

在生活中，有的人比较幸运，他可以利用身边可以利用的一切资源，很快地过上了令人羡慕的生活，而像自己这样一无所有的人，需要认清生活中存在的不公平，把自己的劣势变成自己努力奋斗的动力，发挥自己的长处，寻找机会，坚持自己想干的事情，这样才可以扭转我们所认为的不公平。

有这样两个渔人，一起出去捕鱼。

他们来到河边，两人捕了很多的鱼。在分鱼的时候，两人发生了争执，都说自己分少了，对方分多了。没有办法，他们决定在河边挖一个水坑，暂时把鱼放在里面，回家去拿秤来重新分配。可是等他们回来的时候，水坑里的鱼却早已经从里面跳出来，游进了河里。他们感到十分懊恼，互相埋怨对方。

在这时，他们听见了野鸭的叫声，决定去捕野鸭。正当他们接近野鸭准备射击的时候，其中一个人说：“先别忙，咱们先说好野鸭怎么分配，免得又让野鸭跑了。”于是，两人为分配的事情又争吵了起来，他们争吵的声音惊动了野鸭，野鸭马上就飞走了，可两人仍在那里争吵不休。

在生活中，我们也经常会遇到这样的事情，本来彼此之间合作得很好，但双方都在计较公平分配，结果，已经到手的利益成为了竹篮打水一场空，谁也没拿到好处。经常会有这样一些人，当事情还没办成的时候，就为了计较彼此之间的公平而在分配上争吵，而争吵的结果就是所办的事情不了了之。其实，在许多小事情上，绝不能拘泥于绝对的公平，因为绝对的公平是不存在的。重要的是，我们要善于从长远利益出发，所谓“小不忍则乱大谋”，切忌处处较真，斤斤计较。

虽然，社会提倡伸张正义、主持公道，那些政治家们在每一篇竞选演讲中也会慷慨陈词：“让每一个人都得到平等与公平的待遇。”但是，日复一日、年复一年，一个世纪过去了，我们也无法真正地消除世界上那些不公平的现象。实际上，从人类的发展历史上看，这些现象就从来没有消失过，贫困、战争、瘟疫、犯罪、卖淫、吸毒和谋杀等各种社会弊病一代代延续着，某些地区还会愈演愈烈。但我们应该明白，这些不公平现象的存在是必然的，当我们无法改变这一切的时候，我们可以努力改变自己，不让自己陷入一种惰性，并用自己的智慧去努力争取。

在生活与工作中，经常可以听到有人这样发泄：“这简直太不公平了！”这是一种经常可以听见的抱怨，当我们感到某件事不公平的时候，必然会把自己同另外一个人或另外一群人进行比较，我们会想：他比我得到的多，这就很不公平。因为你越是这样想，那你就越是觉得自己是最不公平的。

心灵物语

凡事我们都无悔地付出，至于结果怎么样，不要太在意，我们只求自己心灵的平衡。付出过，努力过，拼搏过，那就无怨无悔。对于生活中的许多事情，不要太去计较不公平的待遇，只求得内心的安慰就可以了，这样我们才无愧于心。

第10章
心容则容，空心能容万物

心宽似海，一切皆容。其实，你容不下别人，就等于让别人容不下你自己。这个世界本来没有界限，心灵无所不能容纳，正所谓“空心纳万物”。谦卑、忍耐，会让你在容纳的境界里赢得人生。

人生深邃之处是忍耐

忍小而促大谋。

俗话说："忍一时风平浪静，退一步海阔天空。"在日常生活中，我们都有这样的体会：遇到了一个斜坡，实在跨不过去，干脆停下来，退一步或者几步，歇息一会儿，调整自己，鼓足劲，再继续前进，结果往往会一蹴而就。对于人生的进退，我们通常会有这样两种错误的理解：一是盲目前进，行莽撞之事；二是自暴自弃的沉沦。曾国藩是一个善于忍让的人，尤其是在不能前进的时候，他一般会选择后退，努力忍耐，最后，退一步却成为了前进一大步。

王阳明有言："不管人非笑，不管人毁谤，不管人荣辱，任他功夫有进有退，我只是这致良知的主宰不息，久久自然有得力处，一切外事亦自能不动。"意思是，不在乎别人的嘲笑、诽谤、称誉、侮辱，任他功夫有进有退，我只要这致良知没有片刻停息，时间久了，自会感到有力，也自然不会被外面的任何事情所动摇。

《孙子兵法》有语曰："不以进为进，不以退为退，进中可退，退中可进。"退一步，表面上看是后退了，实际上在退一步的同时，心中已经为日后进一步做好了准备。以退为进的策略，在于修炼"忍耐"这门真功夫。

越王勾践因战败不得不假意投降于吴王，于是，昔日高高在上的大王，如今却成为了吴王的马夫。每天，勾践都受到许多人的使唤，但是，勾践明白，自己若是想要复兴越国，就必须忍耐，委曲求全。因此，他表现出忠心耿耿的样子，从来不流露出怨言，内心强忍着痛苦。三年过去了，吴王夫差动了恻隐之心，打算放勾践回国。

回国后，勾践委托范蠡建城作都，他每天晚上睡在柴垛上，在房门口挂一个苦胆，每天都要舔一舔，念念不忘复仇。对外，他继续讨好吴王，不断送礼，给吴王送去了西施这样的美女和大量的木柴，以削弱吴国的国力。而勾践却休养生息，富国强兵，鼓励增加人口，以增强国力，和群臣一起谋划攻吴之计。几年后，勾践一举歼灭吴国，血洗国耻。

勾践以退为进，终于完成了自己的复国计划，而这其中，他所忍耐的痛苦也得以解脱。有时候，退一步并不是屈服，而是为了更好地生存和发展。在生活中，我们会看见在地上爬行的蚯蚓，这时，你就会发现，蚯蚓每向前一步，总是会将身体往后缩，其实，这也是“以退为进，以屈求伸”的方法。在日常工作中，我们所遇到的困难与挫折并不需要我们正面与之对抗，懂得忍耐，以退为进，我们一样能获得最后的成功。

在日常工作中，或许我们经常会遇到这样或那样的烦恼，小到同事告了自己黑状，大到上司的批评，面对这样的事情，心中肯定会生气、愤怒，可是，这又能怎么样呢？生气了于事无补，反而会给别人留下不好的印象，不如凡事皆忍，在忍的过程中，修炼成熟的心智；在忍的过程中，等到意外的收获，这就是“忍小而促大谋”。

心灵物语

谦卑的忍耐绝不是对权势的顺从，对丑恶的姑息，相反，这是一种源于平等意识和博爱精神的谦卑，它以“低”的姿态坚持着自己的高度，以温柔的表情坚持自己的冷静。谦卑之后，则是一种信手拈来的成功。

仁厚之心，有容乃大

宽容与忍让并不是懦弱，而是一种难得的智慧。

如果一个人能在高谈阔论时突然安静下来，能在自己最风光的时候收敛自己，能在非常生气的情况下控制自己的怒火，以心平气和的方式处理事情，那么这个人就是具备智慧与忍耐力的内心非常强大的人。

任性地活着是一种高调人生，隐忍地活着则是一种低调人生，实际上，人生需要学会隐忍，更要以一种隐忍的态度去做人。

春秋时齐国丧君，大臣们开始紧张地策划拥立新君。齐国正卿自幼与公子小白非常要好，便暗中派人去莒国召小白回国即位。同时，也有人要接年长一些的公子纠回国为君，而鲁国也正准备护送公子纠回齐，并派管仲带兵在途中拦截回国的小白。双方相遇，小白被管仲一箭射中身上铜制的衣带钩，险些丧命。为了迷惑对方，小白佯装中箭而死，乘一辆轻便小车，昼夜兼程向齐都驶去。公子纠及鲁军以为小白已死，稳操胜券，便放慢了回齐的速度，六天后才赶到。这时小白早已被拥立为齐君，并发兵乾时，大败鲁军。小白登上了齐国国君的宝座，他就是历史上赫赫有名的齐桓公。

齐桓公做了国君，心记一箭之仇，常想杀死管仲。当发兵攻鲁之时，鲍叔牙对桓公说："您要想管理好齐国有高傒和我就够了；您如想称霸，则非有管仲不可！"桓公胸怀大度，放弃前嫌，当即接受了鲍叔牙的意见，并派他亲自前往迎接管仲，厚礼相待，委以重任。得到管仲之后，桓公如鱼得水，如虎添翼，找到了帮他振兴齐国的人。管仲在桓公的大力支持下，大刀阔斧地进行了改革。齐国很快国富兵强，实力雄厚。

心字头上一把刀，那就是忍。在人世间，每个人最难面对的就是"忍"字了，因为做到它太困难了，所以，"忍"的人生境界太高了。人生需要学会隐忍，以一种隐忍的态度去做人。

那寒冬里待放的梅花，那巨石下吐露的春笋，冰山下暗暗隐藏的岩浆，它们都在隐忍，以一种隐忍的方式生活着。所以，才有那严冬下的怒放的梅花，在隐忍之后，它更加艳丽，在寒风中独自品尝着寂寞；所以，才有那笔直亮丽的竹林，在微风中荡漾着美丽，诉说着一个古老的传说；所以，才有那自然的更替、生物的轮回，当岩浆迸发开来，为冰山带来了一丝暖意。

古时，陈嚣与纪伯做邻居，纪伯在夜里偷偷地把陈嚣家的篱笆拔起来往后挪了挪，陈嚣发现后心想，你不就是想扩大点地盘吗？我满足你，等纪伯走后，他又把篱笆往后挪了一丈。天亮后，纪伯看到自家的地又多出许多，他没料到，陈嚣不但没有和自己计较争地之事，还如此宽容照顾，主动让出土地，内心因此感到十分羞愧。于是，纪伯不但把侵占的地全部归还给陈嚣，还将篱笆向自己这边挪了一丈，以此感念陈嚣的宽宏大量。当时的周太守得知此事后，也非常敬佩陈嚣的品德，于是用石刻上“义里”二字，借此来表扬陈嚣。

“陈嚣让地”成为人们津津乐道的故事，宽容他人，并不是怯懦胆小，而是一种放下的智慧，有道是：“饶人不是痴汉，痴汉不会饶人。”能宽容他人，体谅他人，不争强好胜与之计较，他人也会发自内心地感到温暖，不但避免了冲突，对方还因此生起羞愧之心，改过向善。然而，可能有人却觉得，人不能太过善良，不能事事都让着他人。其实，真正能宽容待人，善待他人，不但使自己免于陷入与人争斗的苦恼，无形中，还结下许多善缘，帮助自己化解灾难。

春秋时期，有一天晚上，楚庄王携爱妃大宴群臣。酒至半酣时，一阵大风吹灭了蜡烛。一名武将欲乘黑调戏妃子，被妃子扯下盔甲上的红缨。爱妃建议楚庄王点上蜡烛，严惩大胆之徒。岂料楚庄王大度，命众将全部摘下盔甲上的红缨后方可点灯。不久，楚庄王亲征与敌国开战，命悬一发时有一将拼死救驾。杀出重围后，楚庄王问其原因，该将答：“我就是那个丢掉红缨的人啊！”

楚庄王的宽容与忍让体现了博大的胸襟，更令那位将士心里产生感激之情。所以，当楚庄王命悬一线的时候，将士带着满腔的感激之情拼死救出了他。这时候，宽容与忍让不仅培养了良好的道德品质，更带给他人一份美好的情感，就如同和煦的春风，点点滋润着他人的心底。

心灵物语

宽容与忍让并不是懦弱，而是一种难得的智慧；也不是一种损失，而是一种拥有。与别人为善，就是与自己为善；与别人过不去，就是与自己过不去。这是一种处世的哲理，也是一种生存的智慧。

忍辱负重，来去顺其自然

忍耐，就是将自己的头低进尘埃里，然后等着尘埃里开出花来。

多思者善。哪怕吃点小亏，但能免去祸端，终会苦尽甘来。一个人如果不通过不断的磨砺来提升自己、完善自己，就会让自己的私欲、情欲膨胀，自己的意志也变得软弱。一个人若是想要成就一番事业，那就必须要不断地磨砺自己，除此之外，别无他法。

忍耐，有时候是对目标的一种执着，更是对成功和胜利的一种执着。当然，一个人要想成功，首先就得明确目标，有了目标，才有前进的方向，才不至于在前进途中迷失了方向。明确了目标之后，还需要朝着这个方向不断地努力，不管追寻路途中有什么样的困难和挫折在等着我们，都需要学会忍耐，因为忍耐是一种对胜利的执着。生活中，人们听到“逆境”“挫折”这样的词儿总是紧皱眉头，郁郁不得志。在他们看来，逆境意味着绝路，或许，自己再也没有翻身的那一天了。但往往事情并不是这样，多少成大事者都是从逆境风雨中走了过来，从而获得了巨大的成功。

明朝正德年间，宁王朱宸濠的反叛之心可谓“司马昭之心路人皆知”。其实，早在朱宸濠四处结交官员、招兵买马的时候就有许多大臣上奏朝廷，只是当时的正德皇帝并没有将这件事放在心上。

当朱宸濠决定反叛的时候，正值王阳明和同乡好友孙燧一同在江西任职，他们也早就听闻宁王即将采取反叛行动，必然会拿近处的自己开刀。但是，天高皇帝远，如果此时上奏朝廷奉旨平叛肯定来不及，由于兵权不在手，以己之力平乱无疑是以卵击石。王阳明建议一起离开江西，从长计议，不过好友孙燧毅然决定留守江西。无奈之下，王阳明只好独自离开，再想办法。

果然，没几日，朱宸濠就找了理由将孙燧杀掉了。王阳明听此消息义愤填膺，恨不得马上回去为好友报仇，不过他最终忍下来，他知道自己回去也只有死路一条，只有暂且忍耐，等待时机，定将宁王拿下。

果不其然，后来，王阳明率兵平叛，一举擒获宁王朱宸濠。

忍辱负重是一种勇气，是一种百炼成钢的勇气，而不是逞一时之快的勇气，这样的勇气并不是逞匹夫之勇，而是一种甘愿忍受屈辱的勇气。在生活中，许多人有逞英雄的勇气，但很少有人能有忍辱负重的勇气，相比较而言，后者所需要的勇气比前者更多。

缺少这种勇气的人，他们是难以忍受屈辱的，他们不是在屈辱中低下头，就是在屈辱中仰起头，等待着灭亡。而真正的忍耐，就是将自己的头低进尘埃里，然后等着尘埃里开出花来，那是一种何等的勇气？

曾国藩刚开始办团练的时候，其中除了大量的湘军勇士，还有不少的绿营军，这使得曾国藩面临着更多的问题。而且，在操练中，曾国藩始终坚守着“吃得苦中苦”的宗旨，对将士们要求十分严格，风雨烈日，操练不休，虽然这对于来自田间的乡勇来说，并不觉得太苦。但是，对于那些平日里只会喝酒、赌钱、抽鸦片的绿营兵来说，却像是“酷刑”，对此，绿营上上下下怨声载道。副将不到场操练，根本不把曾国藩放在眼里，甚至，对底下的士兵宣称：“大热天还要出来操练，这不是存心跟我们过不去吗？”曾国藩一方面忧心军队的操练，一方面还要应付绿营军的捣乱，日子过得十分辛苦。

当时，在长沙城内驻扎着绿营兵和湘勇，绿营军战斗力极差，受到了湘勇的轻视，对此，绿营兵十分愤怒，经常与湘勇发生摩擦。双方水火不容，开始由一些小争执变为战斗。而且，绿营军是朝廷的正规军队，深得清朝庇护，曾国藩所操练的湘军不过是乡间勇士，无人庇护，于是，曾国藩只能严格要求自己的军队，不得与绿营军发生冲突。即使曾国藩一再忍受绿营军的欺辱之苦，但仍改变不了现状，绿营军更加横行霸道，湘军进出城门都会受到公然侮辱。朋友看见曾国藩如此辛苦，劝他参奏绿营军，不料，他却推托：“做臣子的，不能为国家平乱，反以琐碎小事，使君父烦心，实在惭愧得很。”过了一阵子，曾国藩就将湘勇遣往外县，将自己的司令部也移到了衡州。

其实，曾国藩在组建湘军之际，确实是吃了不少苦头，本身，组建军队就将面临着很多苦难，而同时还遭受绿营军的挑衅，那确实是一段异常辛苦的日子。当时，咸丰帝下令曾国藩办团练，由于朝廷战事吃紧，也没办法给军队发军饷，曾国藩作为军队的创办者必须解决军队的军饷问题，然而，这一切困难的问题，曾国藩都以坚韧的意志忍了过来，他明白“只有吃得苦中苦，方才能为人上人”。

试想，如果当初曾国藩忍受不了绿营军的挑衅，在朝廷不提供军饷的情况下，就停止操练，那哪里还有后来轰动一时的湘军呢？在绿营军面前看似委曲求全、百般忍让，其实都在曾国藩掌控之中，唯有这样，才能建立起一支独立而极具力量的湘军。

心灵物语

正所谓“小不忍则乱大谋”，在变幻莫测的社会中，难免会磕磕绊绊，尤其是深似海的职场或官场中，斗争、受辱更是在所难免，所以，有时候，当我们置身于受辱的环境中，要懂得忍耐，鼓足勇气忍下去，这样才能取得最后的胜利。

为了玫瑰，也要给刺浇水

一个人只要有恒心，迈着坚定的步伐，义无反顾地向前走，最终会沐浴到胜利的光辉。

阿拉伯有一句谚语：“为了玫瑰，也要给刺浇水。”意思是，如果你不能忍受那些扎在心头的芒刺，不能将那些芒刺化成自己前进的动力，那又如何为自己博得一座可以悠游一辈子的心灵花园呢？所有的忍耐都有一个既定目标，而并非是甘于现状，如果你只是甘于平庸而选择忍耐，那这样的忍耐是没有任何效果的，这样的忍耐就是一种愚蠢，一种懦弱。

生活中，做任何事情都需要忍耐，因为忍耐，不仅仅是一种智慧，一种能力，一门学问，更是一种难得的境界。

从前，有一名和尚叫一了，他的耐性不够，做一件事情只要稍稍有点困难，就很容易气馁，不肯锲而不舍地做下去。

有一天晚上，师父给他一块木板和一把小刀，需要他在木板上切一条刀痕，当一了切好了一刀以后，师父就把木板和小刀锁在他的抽屉里。以后，每天晚上，师父都要小和尚在切过的痕迹上再切一次，这样连续了好几天。

终于到了一天晚上，一了和尚一刀下去，就把木板切成了两大块。师父说："你大概想不到那么一点点力气就能把一块木板切成两大块吧？一个人一生的成败，并不在于他一下子用多大的力气，而在于他是否能持之以恒。"

古人云："事当难处之时，只让退一步，便容易处；功到将成之候，若放松一着，便不能成。"在生活中，有很多事情，并不是仅仅依靠三分钟热情就可以做好的，也不是一朝一夕就能做到的，而是需要持之以恒的精神，我们必须要付出时间和代价，甚至是一生的努力，当然，在这个过程中，我们需要忍耐，坚持，再坚持，等待机会和成功的来临。

宋代司马光编写《资治通鉴》，历时19年才截稿，但那时他已经是老眼昏花，不久就去世了；明代李时珍撰写《本草纲目》，几乎跑遍了名川大山，收集了大量资料，耗费了整整27年的时间，才铸就了这部名著；谈迁花了20多年的时间才完成了《国榷》，不料完成之后书稿被小偷盗走了，无奈之下，他又开始重新撰写，用了8年的时间才完成。这些例子都足以说明，无论做什么事情，只有持之以恒、呕心沥血、竭尽毕生，才能达到成功的巅峰，若只有三分钟热情，那最终只能一事无成。

很久以前，有一个养蚌人，他很想培育出一颗世界上最大的、最美的珍珠。于是，他去大海的沙滩上挑选沙粒，而且一颗颗地询问它们："愿不愿意变成珍珠？"那些被问到的沙粒，一颗颗都摇头说："不愿意"。就这样，养蚌人从早上问到晚上，得到的都是同样一句话："不愿意。"听到这样的答案，他快要绝望了。

就在这时，有一颗沙粒答应了，因为它的梦想就是成为一颗珍珠。旁边的沙粒都嘲笑它："你真傻，去蚌壳里去住，远离亲人和朋友，见不到阳光雨露，明月清风，甚至还缺少空气，只能与黑暗、潮湿、寒冷、孤寂为伍，多不值得！"但是，那颗沙粒还是无怨无悔地跟着养蚌人走了。

斗转星移，多年过去了，那颗沙粒已经成为了一颗晶莹剔透、价值连城的珍珠，而那些曾经嘲笑它的那些伙伴们，有的依然是沙滩上平凡的沙粒，有的已经化为了尘埃。

一个人成功的过程就无异于一颗沙粒变成珍珠的过程，在这个过程中，你需要经历痛苦与枯燥，而且你必须坚持着，忍耐着，当你走完黑暗与苦难的隧道之后，你才会发现，原来平凡如同沙粒的你，在不知不觉间已经成为了价值连城的珍珠。

两千年以前，老子说："五色令人目盲；五音令人耳聋；五味令人口爽；驰骋田猎，令人心发狂；难得之货，令人行妨。"这是老子所列举出的来自生活中的各种诱惑，而他是这样对付诱惑的："是以圣人为腹不为目，故去彼取此"，意思是，圣人但求安饱，不逐声色，这是古人传下来的智慧。

在今天来说，温饱是很容易解决的，但身边的诱惑总是太多，而心中的欲望已经张开了大嘴，就这样，多少人在尚未成功就已经深陷在金钱名利、声色犬马之中。在过去，所谓的诱惑就是"酒色财气"，孟子曰："富贵不能淫，贫贱不能移，威武不能屈。"其实，这都是抵御诱惑的例子。成大事者，首先就是要忍耐来自社会的各种诱惑。

心灵物语

古人云："锲而舍之，朽木不折；锲而不舍，金石可镂。"一个人只要有恒心，迈着坚定的步伐，义无反顾地向前走，最终会沐浴到胜利的光辉。人生是漫长的、复杂的、曲折的，所以忍耐是一种生命的常态。但忍耐只是暂时的，而非一辈子的忍耐，一辈子的忍耐只是安于现状。

第11章 专心于路，别怕脚下的泥泞

雾气弥漫的清晨，并不意味着是一个阴霾的白天。当生活出现波折，有了出乎意外的变故，别担心，幸运并非没有恐惧和烦恼，厄运并非没有安慰与期望。那么，别怕脚下道路的泥泞，最美的风景，或许就在前方等着你。

冰淇淋哲学，逆境是一种磨炼

自古以来的伟人，大多是抱着不屈不挠的精神，在逆境中挣扎着奋斗过来的。

冰淇淋哲学告诉我们，如果你能在冬天的逆境中生存，就再也不会害怕夏天的竞争。在人生这条充满荆棘的路上，我们常常会遇到这样或那样的挫折与困难。当然，不同的人对挫折有着不同的理解，有人说挫折是人生道路上的绊脚石，有的人却说挫折是一种磨砺，会让今后的路更加平坦。

古人曰："白糖尝尽方谈甜，百盐尝尽才懂咸。"与河流一样，如果人生不经受历练，那就显得单调、幼稚。甚至，我们可以这样说，不经历挫折的人生是空白的。或许，我们并不知道前方有多少的挫折在等着我们，但是，有一点是很明确的，那就是这些挫折是不可避免的。在挫折面前，我们的力量是有限的，但挫折却是层出不穷的，当我们战胜了一个挫折，又会有更大的挫折在等着我们，人生就是这样一个在挫折中不断前进的过程。

一个少年自认为看破了红尘，放下了一切，历经了千辛万苦找到了隐藏在深山里的寺院，他想出家，他认为自己只有在这里才能真正地洗去城市的繁华与浮躁。方丈仔细打量着少年，问道："做和尚要独守孤灯，终身不娶，你能做到吗？"少年坚定地回答："能。"方丈又问："做和尚要每日三餐粗茶淡饭，粗衣薄挂夏热冬寒，你能忍受得了吗？"少年回答说："能。"方丈又问："做和尚要无欲无求、无怨无恨，不问恩情，不记仇恨，无论任何时候都要心如明镜不染尘埃，你能做到吗？"少年斩钉截铁地说："能。"然后，方丈问了一些关于佛法的东西，少年都能作出很好的回答。但是，最后，方丈拒绝了少年出家的请求，而是把少年送下了山。临走时，方丈留下了这样一句话：“未曾拿起莫谈放下，当你真正拿起时，你再回来告我你还能不能放得下。”

一个人若是没有经历过生活，那自然不会理解生活的艰辛；一个人若是没有真正经历过挫折，自然不懂得选择快乐的角度。一旦挫折降临，就想要逃避这个世界，这本来就是一种不负责任的做法。生活中，只有那些真正经历过挫折的人，才能放眼望世界，因为经历了挫折的生活在他们眼里变得更加绚丽多彩了。

挫折造就着生活。凡能成大事者，他们必须经得起挫折的历练，经得起失败的打击，因为成功需要风雨的洗礼，而一个有追求、有抱负的人，他总是视挫折为动力。所以，挫折对于天才来说是一块成功的跳板，对强者来说是一笔宝贵的财富。所谓的挫折是一所修炼人生的高等学府，你是否能顺利毕业则源于内心是否有强劲的忍耐力。

曾国藩说：“吾平生长进，全在受挫受辱之时，打掉门牙之时多矣，无一不和血一块吞下。”如果经不起挫折，受不了历练，处处较真，我们将深埋在痛苦的生活里，永远没有希望，也没有前进的方向。其实，挫折带来的并不全是坏事，它能使我们的人生绽放出最美丽的成功之花，而从挫折中汲取到的教训将是我们迈向成功的垫脚石。

挫折是一门生活必修课，但是这并不是说挫折是不可战胜的，挫折的必然性决定着我们在遇到它时没有必要怨天尤人，更没有必要处处较真。因为挫折不具备不可战胜性。

心灵物语

面对挫折，不必畏惧，迎难而上，直面挫折，把生活中的每一个挫折都看作是上天考验我们的一次机会，只要心中怀着必胜的信念，对自己说：“我能行！”那么，我们就一定能战胜挫折，采摘成功的果实。

跨栏定律：困境只是暂时的

如果我们想从困难中挖掘点什么，那就要学会跟它成为朋友。

拿破仑说："人与人之间只有很小的差异，但是这种很小的差异却可以造成巨大的差异。很小的差异即积极的心态或是消极的心态，巨大的差异就是成功和失败。"当生活的困难从天而降的时候，人们总会有两种截然不同的心态：有的人感觉到天都塌下来了，什么都完了，他总是与困难较劲，除了抱怨还是抱怨，似乎他的整个生活都已经被不幸吞噬了；而有的人则保持乐观的心态，他们甚至会将那些灾难和不幸当作朋友，最后，他们就真的在磨难中有所获得，从而赢得人生的一笔宝贵财富。

我们可以清楚地看见，前者是拥有消极心态的人，在困难面前，他只会较劲、抱怨；后者是拥有乐观积极心态的人，他总是将生活中的困难当朋友一样看待，若是朋友，又怎么会担心给自己的生活带来不幸呢？所以，当生活遭遇不幸时，别和困难较劲，而是让困难成为你的朋友，只要你抱着这样的心态，就一定能战胜艰难困苦，最终走向成功。

拥有18亿元身价的俞敏洪是新东方教育集团的创始人。1980年经过两次高考落榜后，俞敏洪考入北京大学外语系，在北大读书时，俞敏洪不会吹拉弹唱，不会说普通话，他经常得到的就是老师和同学的"白眼"。英语老师评价俞敏洪说："只能听懂俞敏洪三个字，鹦鹉都不如。"这些刺耳的话语令他刻骨铭心。之后，他一天十几个小时不断地狂听狂背，创纪录地熟练掌握了 8 万个英语单词。

1984年俞敏洪留校当了教师，却依然被北大边缘化。六七年之后，为了赚取出国学费，俞敏洪就到校外的民办外语培训机构教课，被北大发现后受到了严肃的通报批评。他愤然辞职开始了新东方创业历程。之初，他租用中关村二小的一个小平房，俞敏洪自己拎着糨糊桶，不得不在零下十几度的冬夜到处张贴招生广告。1995年，新东方急速发展起来，拓展了业务领域，完成了向现代公司的转变。到年底时，在校学生数已经达到千人的规模。

据公开资料统计，现在每年有近1000万人在接受着新东方的英语培训。2005年9月7日，新东方成功登陆纽约证券交易所，发售了750万股美国存托凭证，一举融资额为1.125亿美元。新东方成了第一家在海外上市的中国教育培训公司，俞敏洪成了有史以来中国最富有的教师。

俞敏洪的成功是在困难中历练的结果，他那坎坷不平的人生道路造就了俞敏洪不屈不挠的性格，也造就了俞敏洪踏实前行的人生之路。他的故事告诉我们：成功的人生必然要接受困难的洗礼。当我们无法回避困难的存在时，要学会与困难成为朋友。人生旅途道路曲折，有高就有低，有起就有落，困难是客观存在的，如果我们想从困难中挖掘点什么，那就要学会跟它成为朋友。

格哈德·施罗德出生在一个工人家庭，小时候，父亲在远征苏联的战争中牺牲，施罗德兄妹五人与母亲相依为命。有一段时间，他们住在一个临时搭建的收容所里，尽管母亲每天工作长达14个小时，但仍然不能满足家里的开支。年仅6岁的施罗德总是安慰母亲："别着急，妈妈，总有一天我会开着奔驰来接你的。"

逐渐长大的施罗德进了一家瓷器店当学徒，后来又在一家零售店当学徒，在1963年施罗德加入了民主党。在之后的10年里，他读完了夜校和中学，后来到格丁根上夜大攻读法律。大学毕业后，他获得了律师资格，成为了一名律师，不久之后，他当选为社民党格廷根地区青年社会主义者联合会主席。在以后的日子里，施罗德一直活跃于德国政坛，46岁那年，施罗德再次竞选成功，成为萨克森州州长，就是在这一年，施罗德实现了儿时的愿望，开着银灰色奔驰轿车将母亲接走了。也许，是儿时的苦难记忆的激励，施罗德在人生的道路上丝毫不敢懈怠，8年之后，施罗德一举击败连续执政16年之久的科尔，当选为德国新总理。

童年时期的施罗德曾在杂货铺里当学徒，那时他常说的一句话是："我一定要从这里走出去！"他成功了，而且，比自己想象中走得更远。虽然在成功的路上伴随着困难，但是，施罗德从来没有把困难当成一回事，儿时的记忆让他明白：自己必须与那些客观存在的困难成为朋友，这样自己才能走得更远。

有人说，人生是由幸福和痛苦组成的一串珍珠，谁也无法回避四季的风雨冰霜。困难只能使成功者受到历练，除此不会有任何伤害。要有一种战胜困难的信心和勇气，锻炼人的品质，磨砺人的意志，激发人的智能，增长人的才干，显露人的本色。在生活中，只要我们有信心战胜困难，那就一定能拥抱成功。

心灵物语

当困难降临时，如果我们总是与困难较劲，不断地抱怨生活的公平，不仅解决不了困难的问题，反而会让自己心情变得更糟糕。在困难面前，如果暂时不能战胜它，就先跟它成为朋友，了解它，这样才能寻找出解决的办法。

蘑菇定律：成长需要过程

蘑菇的经历是成功必须经历的一步，只有那些能够忍受一切的人才能得到阳光普照的机会。

所罗门把一个小女孩带到稻田，跟她说：“你不是想要一件贵重的礼物吗？我可以赏给你，但你要替我做一件事情：把这片稻田里最大的稻穗选出来，拿给我。”小女孩高兴地答应了，所罗门接着说：“但是，我有一个条件，你在经过稻田时，要一直向前走，不允许停下来，也不能退回来，更不能左右转弯，你要记住，我给你的礼物，是与你选择的稻穗大小成正比的。”结果，这个小女孩从稻田里走出来时，什么礼物也没有获得，因为她在一路上总是嫌所看见的稻穗都太小了。

如果我们总是眼高手低，最后的结果将是一无所获。蘑菇生长在阴暗角落，由于得不到阳光又没有肥料，常常面临着自生自灭的状况，只有当它们长到足够高、足够壮的时候，才被人们所关注，事实上，这时它们已经能够独自接受阳光雨露了。这就是心理学上著名的蘑菇定律，最初蘑菇定律是由一批年轻电脑程序员总结出来的，通过蘑菇的生长历程，他们联想到了人所必须经历的历程。我们刚开始进入社会的时候，像蘑菇一样不受重视，只能替人打杂跑腿，接受无端的批评、指责，得不到提携，处于自生自灭的状态下。蘑菇生长必须经历这样的一个过程，而同样的道理，我们每一个人的成长也需要这样一个过程。

卡莉·费奥瑞娜从斯坦福大学法学院毕业以后，所做的首份工作是一家地产公司的电话接线员。费奥瑞娜每天的工作就是打字、复印、收发文件、整理文件等杂活，父母与亲戚对费奥瑞娜的工作感到不满意，认为一个斯坦福大学的毕业生不应该做这些杂活。但是，费奥瑞娜却没有任何怨言，她继续一边努力工作，一边学习。有一天，公司的经纪人向费奥瑞娜问道："你能否帮忙写点文稿？"卡莉·费奥瑞娜点了点头，凭着这次撰写文稿的机会，她展露了自己卓越的才华。在以后的日子里，卡莉·费奥瑞娜不断向前发展，后来成为了惠普公司的CEO。

卡莉·费奥瑞娜的成功案例成为哈佛商学院学子的案头必备研究，我们任何一个人在成长的过程中，都将注定经历不同的苦难、荆棘，那些被困难、挫折击倒的人，他们必须忍受生活的平庸；而那些战胜苦难、挫折的人，他们能够突出重围，赢得成功。亚伯拉罕·林肯在一次竞选参议员失败后这样说道："此路艰辛而泥泞，我一只脚滑了一下，另一只脚也因而站不稳；但我缓口气，告诉自己'这不过是滑一跤，并不是死去而爬不起来'。"林肯告诉我们："一个人克服一点儿困难也许并不困难，难得的是能够持之以恒地做下去，直到最后的成功，在人生的逆境中坚定地走下去。"

当我们不幸被看成"蘑菇"的时候，如果只是一味地强调自己是"灵芝"并没有任何作用，对于我们而言，利用环境尽快成长才是最重要的。当自己真的从"蘑菇堆"里脱颖而出的时候，我们的价值就会被人们所认可。

虽然，蘑菇的成长经历给我们带来了压力和痛苦，但是，这些难忘的经历却有可能让我们赢得成功。哈佛大学的荣誉博士J.K.罗琳就是最典型的例子，她是一位中年女性，在事业最黯淡的时候，她开始拿笔写作，结果，她写出了享誉世界的《哈利·波特》。

人生中总是有着种种的不如意，但是，一个意志坚强的人能够将逆境变为顺境，在挫折中寻找转机，他们在逆境中坚定地走了下去，最后获得了成功。相反，有的人缺少生活的历练，一旦遭遇挫折或身陷逆境就失去信息，一次输给了自己，就意味着永远输给了自己。

心灵物语

每个人都渴望生活如鱼得水，都希望事业获得成功，但是，上帝不会把这些白白赠予你，只要不畏惧蘑菇的经历，那么成功一定是属于你的。蘑菇的经历是成功必须经历的一步，只有那些能够忍受一切的人才能得到阳光普照的机会。

笑纳生活，风雨之后就是彩虹

笑纳生活赐予的麻烦，缔造斑斓的人生。

生活因充满各种各样的麻烦而变得多姿多彩，或许，我们都不喜欢生活赐予自己的麻烦，当他与自己不期而遇的时候，你也不要掉头或转向，因为麻烦是一个魔鬼，一旦他看上你，就会对你穷追猛打，不舍不弃。而那些不接受生活赐予麻烦的人，只会被麻烦纠缠得更悲惨。生活中，我们要学会笑纳生活赐予的麻烦，缔造斑斓的人生。曾经有人说：“成功的人生是痛苦与失败的交织，是磨难与顺利的交替。”如果你害怕生活中会出现麻烦，那你就会永远丧失走向成功的机会。卓越的人生是从卓越的目标开始的，卓越目标的背后必然是充满着麻烦的道路。经受了那些麻烦的打搅和坎坷的摔打，我们追求成功的意志才能坚强起来，可以说，历练是人生不可多得的宝贵财富，拥有这笔财富，再多的麻烦问题也能解决，没有什么麻烦可以把人吓倒。当我们解决那些麻烦问题之后，方能缔造斑斓的人生。

当生活的麻烦找到我们，我们应该记住，除了接受这些麻烦，努力去解决这些麻烦问题，别无他法。而且，没有人能够帮助你，如果你总是与麻烦较真，希望自己能获得别人的帮助，那这样的想法未免太天真了。其实，每个人都有解决麻烦的能力，许多人解决不了人生或大或小的麻烦，那是因为他们没有接纳麻烦的良好心态，因此才无法缔造绚丽的人生。

安妮爱上英俊潇洒的杰克。他对她来说很重要，安妮确信他就是她的白马王子。

可是有天晚上，他温柔婉转地对她说，他只把她当作普通朋友。安妮以他为中心的梦想的世界当下就土崩瓦解了。那天夜里她在卧室里哭泣时，觉得记事簿上的“不要紧”三个字看起来荒唐得很。“要紧得很，我爱他，没有他我可不能活”。

翌日早上她醒来后又想到这三个字，这时，她已经冷静下来了，她开始分析自己的情况“到底有多要紧？杰克很要紧，我很要紧，我们的快乐也很要紧；但我会希望和一个不爱我的人结婚吗？”日子一天天过去，她发现没有杰克自己也可以生活，也能快乐 。

几年后，一个更适合她的人真的来了。在兴奋地筹备结婚的时候，安妮把“不要紧”这三个字抛到了九霄云外。她不再需要这三个字了。她的生命中不会再有麻烦与失望。

有一天，丈夫和她得到一个消息：他们生意赔掉了，所有积蓄都没有了。

安妮感到一阵酸楚，胃像扭作一团一样难受。她想起那句“不要紧”，“这一次可真的是要紧”，她心里想。

可是就在这个时候，小儿子用力敲打他的积木的声音转移了安妮的注意力。儿子看见母亲看着他，就停止了敲击，对她笑着，那笑容真是无价之宝。

安妮把视线越过他的头望出窗外，两个女儿正在兴高采烈地合力堆沙堡。院子外面，树映衬着无边无际的晴朗碧空。安妮觉得胃顿时舒展，心情恢复平和。她对丈夫说：“都会好转的，损失的只是金钱，实在并不要紧。”

在生活中，总有这样或那样的麻烦出现，这会给我们的心灵带来巨大的压力，许多人会因为这些压力而变得一蹶不振，甚至会因此而失去生活的勇气。其实，许多麻烦问题并不像我们想象的那么严重，面对这些狂风暴雨，假如我们能够尝试对自己说“不要紧”，接纳那些生活赐予的麻烦，那我们就会缔造出无比灿烂的人生。

在生活中，我们每时每刻都可能遇到那些不如意的麻烦事情。其实，不要小看那些麻烦，那其实是生活赐予我们的宝贵财富，如果我们固执于此，任自己较真、沉溺在痛苦之中，只会更加烦恼。不如对自己说：“没关系，不要紧，风雨之后，肯定会有彩虹。”这样想来，那些麻烦的问题还能算什么呢？

心灵物语

相比较人生的挫折，生活中那些麻烦的小事情根本算不了什么。如果我们还总是为生活的琐碎事情而较真，那无疑是折磨自己。学会接受生活赐予的麻烦，通过解决这些麻烦问题，领悟生活的真谛，然后缔造斑斓的人生。

灾难中，感恩涅槃重生

经历黑暗才能懂得光明的可贵，走过荆棘才会珍惜花朵的芬芳。

在一次地震中，一位面容憔悴、身体单薄的女教师告诉记者：“从废墟中走出来，让我更懂得珍惜生命，会克服以后生活和工作上的更多困难，善待爱我的人和这个充满爱的世界，感谢我还活着！”原以为，灾难带给我们的只有不幸，如此来看，灾难带给我们的远不止它本身，还有一颗感恩的心。

灾难，让我们学会了守望。没有守望，我们就不会变得更加坚强。似乎，灾难总是青睐那些沉浸在幸福中的人，从幸福到不幸，只是一线之差，却是全然不同的境遇。不过，人们对于灾难却常怀感恩，灾难之后，他们心中没有怨言，只有无尽的感激。

那天是感恩节，她的情绪低落到了极点。为什么一切都这么糟糕？为什么生活会这样残忍无情？那场意外的车祸，夺走了她孕育了四个月的孩子！而就在这期间，她的丈夫也失去了工作。

她漫无目的地走进一家花店。看着每一朵娇艳欲滴的花朵，她都觉得那是对自己不幸的嘲讽。所以，当花店主人笑盈盈地询问她在感恩节这一天，是不是也想买点花送给亲朋好友表达一下自己的感激之情时，她的郁愤之情冲口而出："我没有什么可感恩的！也不想感谢上帝，我对上帝很生气！"

店员惊异地看看她，然后微笑起来，说："我知道什么对您最合适了。"随后，店员到里面的工作室拿出一束剪得齐齐整整的，缠着漂亮蝴蝶结的一大把又长又多的玫瑰花枝——那些玫瑰花枝被修得整整齐齐，只是上面连一朵花也没有。

她感到很惊奇，店员看出了她的狐疑，说："我把花都给剪掉了，这是我们的特别奉献，我把它叫作感恩节的荆棘花。三年前，我走进来时感觉与您一样，认为生活太不幸了，没什么是值得感恩的。当时，我的父亲死于癌症，儿子在吸毒，我自己也面临一个大手术，我的先生也在一年前去世了，家庭和事业都摇摇欲坠。我一生中第一次自己一个人过感恩节，没有孩子，没有家人，也没钱去旅游。"

"那怎么办呢？"她问。"我学会了为生活中的荆棘感恩。"店员沉静地说道，"过去，我一直在为生活中美好的事物而感恩，却从没问过为什么自己会得到那么多好的东西。但是，当灾难降临时，我懵了。我花了很长时间才弄明白，原来黑暗的日子对我们的人生来说也是非常重要的。一直以来，我都在享受生活中的'花朵'，但是荆棘使我明白了上帝的安慰是多么美好。你知道吗？《圣经》上说，当我们受苦时，上帝就会安慰我们。借着上帝的安慰，我们也学会了安慰别人。”

这一天，她在走出花店时，眼泪从脸颊上流过。她的怀中也是一大束美丽的绿色的“荆棘花”，上面有一张小小的卡片写道：“我的上帝啊，我曾无数次为我生命中的玫瑰而感谢你，但却从来没有为我生命中的荆棘而感谢过你。请你教导我关于荆棘的价值，通过我的眼泪，帮助我看到那更加明亮的彩虹……

《圣经》说：“当我们受苦时，上帝就会安慰我们；借着上帝的安慰，我们也学会了安慰别人。”在灾难没有来临之前，生活是多么的美好，然而，我们从来没有想过：为什么自己总是能够得到这么多美好的东西？有时候，总认为那些都是自己应该得到的，但是，当灾难和不幸来临时，我们才意识到，上帝的安慰是多么重要，踏着满地的荆棘，我们学会了面对！

格连·康宁罕曾被医生宣判：“你这一生再也无法行走了。”面对灾难与不幸，康宁罕并没有放弃，而是向命运挑战：“我一定要站起来！”一次次尝试伴随着一次次钻心的疼痛，一次次摔倒，又一次次重新爬起来，最后，他终于站起来了。难道自己的命运仅仅被定格为“站起来”吗？不！我还要像以前那样奔跑，格连·康宁罕以强大的意志完成了自己的人生目标，他成为了美国体育运动史上著名的长跑选手。

有人说：“在任何灾难面前，只要我们自强不息，就一定可以赢得成功和幸福。”那些取得成就、赢得成功的人，他们都将自己的成就归功于灾难和挫折。如果没有灾难和挫折的洗礼，或许他们只会爆发出25%的潜能，但是，一旦遇到了挫折与灾难，他们便会将其余75%的潜能激发出来。

心灵物语

在人生的道路上，即使我们遭遇了挫折，也请不要抱怨，也不要妥协，感谢它们，感谢灾难让我们再次奋进。没有一帆风顺的人生，它们总是充满了灾难与挫折，犹如带着荆棘的玫瑰，只有坦然面对，我们才能嗅到玫瑰花的芬芳。

第12章
心之所向，越努力越幸运

俗话说：“贵在坚持。”然而，坚持在于努力。人生在世，凡事只需心之所向，那越努力就会越幸运。因为有明天，今天永远只是起跑线。有时候真的努力之后，你会发现自己要比想象的优秀很多。

只要启程，全世界为你让路

时光往往会把最好的留给最优秀的你。

尼采·F.W曾说：“如果你想走到高处，就要使用自己的两条腿！不要让别人把你抬到高处；不要坐在别人的背上和头上。”在这个过程中，你的每一分努力都有时光的见证，而时光会将那些最好的留给最优秀的你。一个人要想成就大事，从心底里感受到生命的充实，那就必须靠自己。所有的事实都证明：“一切靠自己”是最明智的人生理念。虽然年轻人可以靠父母和亲戚的庇护而成长，因爱人而得到幸福，但是不管怎么样，人生归根结底还是要靠自己的努力。

作为第一位黑人主持人以及《时尚》杂志的模特，备受世人尊敬与爱戴的奥普拉·温费瑞是一位真正的新时代职业女性。当然，在现实生活中，并不是每个人都能成为奥普拉，但是使奥普拉获得成功的力量却是每个人都所拥有的，那就是成功的决心。

奥普拉小时候因为家境贫寒只能穿用麻袋做的衣服，还曾被人当作“麻袋少女”而嘲笑。因为她是私生女，所以从小她一直生活在受歧视、受虐待的环境里，在她九岁的时候惨遭表哥的强暴，到14岁的时候，她成了一名未婚妈妈，并且痛失自己的孩子。这一切的不幸遭遇，使她离家出走并沾染上了毒品。

可是，当她觉得自己的生活不可能再这样被重复的时候，她开始下决心戒掉毒品，对于她来说是相当困难的。但是，她还是在自己坚韧的意志中成功了并为了成为一名优秀的脱口秀主持人，她决心一步一步来，由于从小的家庭环境，没有很好的基础，所以每一步走起来都是异常困难的。但是她从来没有放弃过，在她的字典里，没有什么事情是不可能的，“除非你不愿意去做”，所以，最后当她美丽地站在镁光灯下面，她可以大声地说“我以自身的努力，享受到了收获的快乐”。

并不是每一个人都能成为奥普拉，但是只要你拥有奥普拉一样的决心，就会像她一样获得成功的青睐。没有人能够预知事情的结果，但是每个人都能够通过自己的决心来改变事情的未来，摘得胜利的果实。时光最终把最好的东西留给了最优秀的奥普拉。

威廉·李卜克内西说：“才能的火花，常常在勤奋的磨石上迸发。”你是勤奋还是懒惰，时光会是最好的见证。如果一个人是勤奋的，那么他就拥有了成功的机会；如果一个人是懒惰的，那么他就一定不会成功的。勤勉和成功是互相制约的，虽然你的勤劳并不一定会给你带来成功，但是无论如何，每个人都要努力工作，因为这是成功的最基本的条件。

杨润丹是美国杨氏设计公司的总裁，同时，她也是一位资深生活设计师。早年，她毕业于纽约大学的室内设计专业，后来在美国密歇根大学获得硕士学位。作为设计行业的领军人物，她已经从事设计工作三十年了，在工作中，她倡导创造高品质的生活，并将不同的潮流设计带入到室内外的设计中。与此同时，她所创造的品牌不断发展壮大，得到了越来越多人的支持与认可。

杨润丹是一个优雅恬淡的女子：细柔的言语、恬淡的笑容。不过，这仅仅是她的外表，在她的骨子里有着一份比男人更强的韧劲。在受传统思想影响的社会，一个女人想要做成事真的很难，她们往往比男人付出更多，却收效甚微。杨润丹说：“我并不想做一个女强人，也不喜欢别人这样称呼我。在中国，大部分的女性都很优秀，而我只是找到了自己想要去坚持和努力的信仰，凭着那份坚韧与勤奋一步步走下去而已。”

早年，移居美国的杨润丹随着父亲第一次踏上中国，后来，由于设计便常常往返于中国与美国之间。随着对中国的熟悉，心有志向的杨润丹决定在中国成立工程公司。刚开始创业的时候，她不受父亲的资助，而是坚持自己努力，她白天做设计，晚上去工地检查、指导、学习，回忆那段辛苦的日子，她觉得一切都值得，因为自己成功了。

杨润丹说：“一个女人在中国在北京，我没有任何背景，没有任何关系，一开始赔光了很多钱，无数次地想背包回去不来了，在那会儿我还生病，可是我想这么多人跟着你，人家把工作给你，就是相信你，所以，我只能成功，不能后退。”杨润丹，这就是一个耐力与勤勉并行的女子，她心中的那份认真与耕耘，最终因努力而换得了最好的奖赏。

心灵物语

许多年轻人想努力的时候，总会怀疑：我的努力是否会白费？我要不要这么拼命努力？他们总会担心自己的付出未能得到应有的回报。不过，年轻人，你努力了吗？努力才有可能成功，不努力连失败都不会临幸于你。持续为自己的梦想和人生努力吧，时光往往会把最好的留给最优秀的你。

执着换机遇，时间换天分

谁能笑到最后，还真是不一定。

许多年轻人觉得自己很平凡，能力很普通，先天条件的欠缺导致他们对自己丧失了信心，在他们看来，不管自己如何努力，最终都只会成为一个平庸的人。既然抱着这样的想法，他们就已经不想去努力，浑浑噩噩地生活着，有的人甚至选择了自甘堕落的生活。然而，年轻人浑然忘记了成功的路从来都不会是一帆风顺，许多人也曾迷茫过，也曾不知道未来究竟在哪里。但是，他们却以自己成功的经历告诉我们：相信梦想，梦想自然会回馈于你，努力比任何东西都来得真实，用坚韧换机遇，用时间换天分，哪怕走得很慢，但终会抵达。

有一个孩子想不明白为什么自己的同桌每次都能考第一，而自己每次却只能排在他的后面。

回家后他问道：“妈妈，我是不是比别人笨？我觉得我和他一样听老师的话，一样认真地做作业，可是，为什么我总比他落后？”妈妈听了儿子的话，感觉到儿子开始有自尊心了，而这种自尊心正在被学校的排名伤害着。她望着儿子，没有回答，因为她不知道该怎么样回答。又一次考试后，孩子考了第20名，而他的同桌还是第一名。回家后，儿子又问了同样的问题。她真想说，人的智力确实有高低之分，考第一的人，脑子就是比一般人的灵。然而这样的回答，难道是孩子想知道的答案吗？她庆幸自己没说出口。

应该怎样回答儿子的问题呢？有几次，她真想重复那几句被上万个父母重复了上万次的话——你太贪玩了；你在学习上还不够勤奋；和别人比起来还不够努力……以此来搪塞儿子。然而，像她儿子这样脑袋不够聪明、在班上成绩不甚突出的孩子，平时活得还不够辛苦吗？所以她没有那么做，她想为儿子的问题找到一个完美的答案。

儿子小学毕业了，虽然他比过去更加刻苦，但依然没赶上他的同桌，不过与过去相比，他的成绩一直在提高：为了对儿子的进步表示赞赏，她带他去看了一次大海。就是这次旅行中这位母亲回答了儿子的问题。

母亲和儿子坐在沙滩上，她指着海面对儿子说：“你看那些在海边争食的鸟儿，当海浪打来的时候，小灰雀总能迅速地飞起，它们拍打两三下翅膀就升入了天空；而海鸥总显得非常笨拙，它们从沙滩飞向天空总要很长时间，然而，真正能飞越横过大洋的还是它们。”

“海鸥总显得非常笨拙，它们从沙滩飞向天空总要很长时间，然而，真正能飞越横过大洋的还是它们。”平凡又怎样，不起眼又怎样，只要你努力，一样可以飞过大洋。当我们在讨论这个问题的时候，年轻人应该反思的是自己是否努力过，如果你连努力都不曾有，又何必抱怨这个社会太现实呢？

我们都听过龟兔赛跑的故事，兔子机灵，跑得快，它以为自己胜券在握，所以它安心地睡起了大觉。谁知道看起来慢吞吞的乌龟，却以自己百倍的努力以及坚持不懈的精神最先达到了终点。谁能笑到最后，还真是不一定。

大学毕业后，威廉的求职战役正式打响了，他向大部分知名企业投递了20多份简历。那真是一段不堪回首的岁月，他天天跑招聘会，但自己的努力却看不见任何回应，那些投递出去的简历如石沉大海杳无音讯。好不容易有一家公司通知面试，但在找工作的路途上依然是曲折坎坷。

威廉在笔试上失意过，在群面时因插不上话而被刷掉过，和许多求职的年轻人一样，他曾经历过低谷期，但他始终努力着。遇见太多糟糕的事情，他反而觉得一切都会慢慢好起来；情绪太过糟糕，他反而知道应该如何来梳理情绪；了解了自己的缺点之后，他反而知道什么工作才是最适合自己的。在每一次求职失败后，威廉都会反思自己的缺陷和不足，总结失败的经验，从来没有放弃过努力。

威廉说："天赋决定了一个人的上限，努力则决定了一个人的下限。"许多年轻人根本没有努力到可以拼搏天赋，就已经放弃了，威廉深知自己没有一步登天的天赋，所以只能用努力的时间来换取天分。

当然，最后威廉如愿找到了一份好工作，但这与他平时的努力是分不开的。

成功恰巧就是运气撞到了努力而已，努力永远不会有错，即便现在无法感受到努力的回报，但未来的一天你总会理解。选择自己喜欢的事情，然后努力到坚持不下去为止，相信梦想，更要相信努力，因为遗憾比失败更可怕。当年轻人在追逐梦想的时候，这个世界总会制造许多挫折与困难来阻挡你，残酷的现实会捆住你的手脚，但其实这些都不重要，重要的是你是否有努力到底的决心。

坚持不懈可以让你在失去动力的时候帮助你继续你的行动，这样可以便结果渐渐好转。保持你的努力，你最终就会得到回报，这个回报可以为你带来强大的动力。

心灵物语

平庸并不可怕，可怕的是永远平庸。既然上帝没有给予天赋，那我们就用后天的努力来弥补。越努力越幸运，如果你觉得自己平凡，那就用努力换天分。当然，在这个过程中，我们要始终相信努力奋斗的意义，让未来的你，感谢现在拼命努力的自己。

点燃光彩，努力缔造生命的辉煌

眼睛所看到的地方，就是你会到达的地方。

在生活中，所谓的强者是什么？真正的强者不是凭借着各种资源努力向上爬的人，而是缔造自己辉煌命运的人，他们虽然遭遇了生活的不公平待遇，但依然可以冲破重重阻碍，最终采摘成功的果实。从我们来到这个世界上，上天就给予了我们不同的礼物，有的人太幸运，他得到的是一个完美无缺的洋娃娃，而有的人则运气不怎么好，他所得到的是一个修补过的洋娃娃。对于前者而言，他前面走的路会相对平坦一些，而对于后者，他的每一步都需要付出很多才能达到自己的目标。对此，不管我们是属于前者，还是后者，只要我们相信自己，那即便自己所拥有的只不过是一个修补过的洋娃娃，也一样能缔造出命运的辉煌。

杰克·韦尔奇出生在一个典型的美国中产阶级家庭，父亲在铁路公司工作，每天早出晚归，因而，培养孩子的任务就落在了母亲的身上。与其他母亲不太一样，她对韦尔奇的关心更注重在提升他的能力和意志上。母亲是一位十分有权威的人，她总是让韦尔奇觉得自己什么都能干，教会韦尔奇独立学习。每当韦尔奇的行为有所不妥，母亲总是以正面而有建设性的意见唤醒他，促使韦尔奇重新振作，母亲虽然话不是很多，但总令韦尔奇心服口服。

母亲一直秉持着这样的理念：坦率的沟通、面对现实、主宰自己的命运。她将这三门功课教给了韦尔奇，使得韦尔奇终身受益。母亲告诉韦尔奇："要掌握自己的命运就必须树立相信自己能缔造出命运的辉煌。"韦尔奇到了成年以后还是略带口吃，但是母亲安慰韦尔奇："这算不了什么缺陷，只不过思维比开口快了一些。"正是母亲给予的这份自信，让口吃不再成为阻碍韦尔奇发展的绊脚石，而且成为了韦尔奇骄傲的标志。美国全国广播公司新闻部总裁迈克尔对韦尔奇十分钦佩，甚至开玩笑说："他真有力量，真有效率，我恨不得自己也口吃。"

韦尔奇的中学成绩应该可以进美国最好的大学，但是，由于种种原因，他最后只进了麻州大学。刚开始，韦尔奇感到十分沮丧，但进入大学以后，他的沮丧变成了幸运。他后来回忆这段经历，这样说道："如果当时我选择了麻省理工大学，那我就会被昔日的伙伴们打压，永远没有出头的一天，然而，这所较小的州立大学，让我获得了许多自信，我非常相信一个人所经历的一切，都会是成功的基石，包括母亲的支持，运动，上学，取得学位，虽然我天生口吃，但我相信我一样可以缔造出自己辉煌的命运。"韦尔奇的大学班主任威廉这样评价他："他总是表现得很自信，他痛恨失败，即使在足球比赛中也一样。"1981年，韦尔奇成为了历史上最年轻的CEO，他是通用电气公司董事长。而自信成为了通用电气的核心价值观之一，韦尔奇这样说："我相信命运的辉煌可以靠自己的努力来创造。"

戴高乐将军曾说："眼睛所看到的地方，就是你会到达的地方，唯有伟大的人才能成就伟大的事，他们之所以伟大，就是因为他们决心要做出伟大的事。"生活中，像韦尔奇一样有口吃毛病的人很多，但像他一样成功的人却很少，为什么呢？因为大多数的口吃者都在为上天的不公平而抱怨，他们浑然忘记了，即便自己是一位口吃者，但命运的辉煌完全是可以靠自己创造的，除了口吃，自己与其他人并无区别。

或许，在命运的一开始，上天发给我们的并不是一手好牌。但是，如果我们能保持良好的心态，相信自己即便是一手烂牌，也可以玩得漂亮，这在牌桌上叫牌品，在生活中叫信念。与其花时间去计较上天给予的不公平待遇，不如花心思玩好自己手中的一副烂牌。

心灵物语

我们的命运都掌握在自己手中，如果我们想让命运绽放出如烟花般灿烂的辉煌，那完全在于我们自己的努力，而不在于上天的恩赐。假如我们较真，那就较真自己是否努力过，是否拼搏过，只有真正地努力、拼搏之后，我们才能缔造出自己命运的辉煌。

机会只留给有准备的人

机遇青睐有准备的人。它不相信眼泪，它与怯弱、懒惰无缘。

培根说："智者创造的机会比他得到的机会要多。""抓住机遇"这句口号在日常的生活中经常能够听到，有人说："机遇青睐有准备的人。它不相信眼泪，它与怯弱、懒惰无缘。"也有人说："机遇稍纵即逝，目光敏锐、勇敢果决者常常能获得它。"其实，机遇对任何人来说都是平等的，能不能抓住它，主动权在自己手里。机遇在人的一生中扮演着重要的角色，它无处不在，抱怨没有机会的人，实际上是不善于识别机会和发现机遇，他们总是在仰望远处的高山，却忽视了脚下的矿石。

很多年前，美国穿越大西洋底的一根电报电缆线因破损需要更换，这则小消息平静地传播在人们之间。但是一位不起眼的珠宝店老板却没有等闲视之，毅然买下了这根报废的电缆。

没有人知道小老板的意图，认为他一定是疯了，异样的目光围绕着他。小老板关起店门，将那根电缆洗净、弄直，然后剪成一小段一小段的金属段，然后装饰起来，作为纪念物出售。

大西洋底的电缆纪念物，还有比这更有价值的纪念品吗？这样他轻松地发迹了，他又买下欧仁皇后的一枚钻石，淡黄色的钻石闪烁着稀世的光彩。

人们不禁要问：他是自己珍藏还是抬出更高的价位转手？他不慌不忙地筹备了一个首饰展示会，观众当然是冲着皇后的钻石而来。

可想而知，梦想一睹皇后钻石风采的参观者会怎样蜂拥着从世界各地接踵而至。他几乎坐享其成，毫不费力就赚了大笔的钱财。他就是美国赫赫有名、享有“钻石之王”美誉的查尔斯·刘易斯，一个磨坊主的儿子。

目光敏锐，头脑灵活的人，总能在机会的身影还若隐若现时，就做出自己的判断，并大胆地行动。查尔斯·刘易斯的成功正是如此。他判定一根报废的电缆中蕴含着一个巨大的商机，把这次机遇当作自己事业腾飞的平台，乘着机遇的东风冲天而起，在商海大展身手。

不要总是抱怨没有好的机会降临在你身上，不要总想着会有兔子撞到你面前。成功的机会无处不在，关键在于你是否能紧紧地抓住。聪明的年轻人能从一件小事中得到大启示，有所感悟，化成成功的机会；而愚笨的人即使机会放在他面前也不知。

在生活中，我们不要被环境变化的表面现象所迷惑，只要认识到环境的变化可能会带来机会，并细心观察市场动向，认真思考环境变化对经济发展的巨大影响，你就会找到成功的机会。

1865年，美国南北战争宣告结束。但由于总统林肯被刺身亡，美国人民沉浸在欢乐与悲痛之中。这时，在铁路部门工作的卡内基意识到：战争结束后，经济必然复苏，经济建设必然需要大量的钢铁。因此，他义无反顾地辞去了报酬优厚的工作，主持组建了联合制铁公司。当美国打败墨西哥之后，便决定在加利福尼亚州修建一条铁路。

随后，又批准修建另外三条横贯美洲大陆的铁路线。其实并非只有这几条铁路线，而是各地纷纷申请铁路建设，规模达到了数十条，而这一切都需要大量钢铁的支持。因此，卡内基在联合制铁厂里矗立起一座当时世界最大的熔矿炉，并聘请化学专家到厂中检验买来的矿石、灰石和焦炭的品质，从而达到了产品、零件及原材料的检测系统化。随后，卡内基大力整顿经营方式，使各层次的职责分明，生产力水平大为提高。

但是，经济的迅猛增长势必会有缓冲或回落的时段，卡内基根据社会发展状况，预料到了那一天的来临。因此，他事先买下了英国道兹工程师“兄弟钢铁制造”专利和“焦炭洗涤还原法”的专利。当1873年的经济大萧条来临之际，银行倒闭，证券交易所关门，铁路工程支付款被迫中断，一切生产都好像戛然而止，许多公司在经济大萧条中倒闭，而卡内基凭借事先买到的专利，使公司依然正常运营……

在经济萧条的年代，大多数人看到的只是眼前一派衰败的社会现实，很少有人从社会的大发展方面看待事情，因此与千载难逢的好机会失之交臂。卡内基没有随大溜，他从社会的不断变化中认识到，什么事都会有高潮和低谷，低谷过后，经济又会得到快速回升和发展。因此，他又向钢铁制造方面追加了投资。

经济大萧条很快就过去了，经济再次得到快速发展。当其他公司开始正常生产的时候，卡内基已经抓住了主动权，在同等货源短缺的情况下公司生产的钢材和钢轨等被大量订购，他从中赚到了高额的利润。经过十几年的经营，他开始拥有垄断钢铁产业的实力，被人们誉为“钢铁大王”。

心灵物语

世界无时无刻不在发生着变化，而机会也就藏身于变化之中。社会发展是大环境，身边事物的变化是小环境，只要你能认识到环境的变化会产生出许多成功的机会，并细心地观察寻找，你就会发现能够改变一生的机会。

努力中忍耐，忍耐中努力

人生不论是低迷抑或是高涨，你的人生都将因努力而变得壮美如画。

福楼拜说：“天才，无非是长久的忍耐。”我们以为天才就是光鲜亮丽地站在成功的金字塔上，却无法想象其背后的忍耐和艰辛。生活中那些看似刁难你、折磨你的人，往往能够使你更快取得成功；看似折磨、煎熬你的环境，却总能历练出最后的强者。因此，在困境中，要懂得忍耐，持续努力下去。对于年轻人来说，如果你不愿让命运来主宰你的一切，但又没有扼住命运咽喉的本领时，切记，应当学会忍耐，注重积累。

谚语云："万事皆因忙中错，好人半自苦中来。"吃得苦中苦，方为人上人。要成就一件事情，须观察时机，等待因缘，急不得的。受苦忍耐是一种承担、一种处理、一种等候，也是对因缘法的认识。许多事业有成者都在忍耐后，越挫越勇，最后取得成功。

内托今年刚从学校毕业，在一场招聘会上，他很走运地被选进入一家石油公司。随即被总公司分配到一个海上油田工作。

工作的第一天，工头便要求他，要在限定时间内登上几十米高的钻井架，并将一个包装好的漂亮盒子，送到最顶层的主管手中。他拿着盒子，迅速登上又高又窄的舷梯。当他气喘吁吁地登上顶层后，只见主管在盒子上签了自己的名字，又让他送回去给工头。他一接到命令，连忙又快速地跑下舷梯，并把盒子交给工头。但是，没想到工头草草签完名字之后，又原封不动地交给他，要求他再送回去给顶层的主管。年轻人看了看工头，却又不知道要如何发问，只得乖乖地跑上顶层。然而，主管这回同样只在盒子上签名而已，便又要他送回去。

年轻人就这样来来回回，莫名其妙地上下跑了两次，心里隐约感觉到，这一切似乎是主管与工头故意刁难他。直到第三次，这个全身都被海水溅湿的年轻人，内心已经充满熊熊怒火，不过他仍然强忍着怒气。当他第三次将盒子送来给主管时，主管这回则说："把它打开。"年轻人将盒子拆开后，里头居然是一罐咖啡与一罐奶精，这会儿他更可以确定，这是主管与工头联合起来欺负他。他愤怒地看着主管，但是主管仿佛一点也没感觉似的，接着又对他说："去冲杯咖啡吧！"这个命令一下，年轻人再也忍不住了，用力把盒子摔到海面上，气愤地说："我不干了！"说完之后，他感觉痛快许多，因为一肚子的怒火全部发泄出来了！但是，主管却失望地摇了摇头，并对他说："孩子，你知道刚刚这一切，其实是一种训练啊！那叫做承受极限的训练，因为我们每天都在海上作业，随时都可能会遇到危险，因此，工作人员都必须要有极强的承受力，才有法子完成海上的作业与任务。"

主管叹了口气说："唉！原本你前面三次都通过了，就差那么一点点，你无缘喝到自己冲泡的好咖啡，真是可惜！现在，你可以走了。"

俗话说：忍字头上一把刀，这把刀让你痛，也会让你痛定思痛。这把刀，可以磨平你的锐气，但也可以雕琢出你的勇气。百忍成钢，当你的心性修炼得有如镜子般明澈、流水般圆韧时；当你切切实实生活在不以物喜、不以己悲的宁静中时；当你发觉胸中不断流动着"虽千万人而吾往矣"般的勇气时，历经千锤百炼，你的刀也就炼成了。忍耐并非懦弱，只因你看得更远，有更大的追求。

年轻人幻想一夕有成，不如在艰难困苦当中忍耐，一旦时机成熟，必然水到渠成。宋人苏轼在《留侯论》中说："古之所谓豪杰之士者，必有过人之节，人情有所不能忍者。匹夫见辱，拔剑而起，挺身而斗，此不足为勇也。天下有大勇者，卒然临之而不惊，无故加之而不怒，此其有所挟持者甚大，而其志甚远也。"

新东方总裁俞敏洪在他的博客里讲过一个关于捡砖头的故事。俞敏洪的父亲是个木工，常帮别人建房子，每次建完房子，他都会把别人废弃不要的碎砖瓦捡回来，有时候父亲在路上走，看见路边有砖头或石块，他也会捡起来放在篮子里带回家。

时间长了，家里的院子就多出了一个乱七八糟的砖头碎瓦堆。直到有一天，俞敏洪的父亲在院子一角的小空地上开始左右测量，开沟挖槽，和泥砌墙，用那堆乱砖左拼右凑，建成了一个让全村人都羡慕的院子和猪舍。

当时俞敏洪只觉得父亲一个人就盖了一间房子，很了不起。长大后，俞敏洪才从一块砖头到一堆砖头，最后变成一间小房子中体悟到做成一件事情的全部奥秘。

"一块砖没有什么用，一堆砖也没有什么用，如果你心中没有一个造房子的梦想，拥有天下所有的砖头也是一堆废物；但如果只有造房子的梦想，而没有砖头，梦想也没法实现。”家里穷得揭不开锅的时候，要不急不躁，学会忍耐，继续努力，要积攒足够的砖头来造心中的房子，捡砖头的精神后来就成为俞敏洪做事的指导思想。

罗曼·罗丹曾说：“只有把抱怨别人和环境的心情，化为上进的力量才是成功的保证。”经受别人的考验、提升自身的张力，你才会在人头攒动的人海中脱颖而出。或许你仍在向往一帆风顺，可是面对现实的曲折的人生，所谓的一帆风顺只能是心灵的一种慰藉。坚信唯有奋斗不息才能够成为命运的主人，而在这一步步的努力中，你必须学会忍耐。

心灵物语

忍耐不是逆来顺受，不是消极颓废，也不是在沉默中悄然降下信念的帆。忍耐是当一根火柴燃烧到一半的时候，接受另一半炙热的煎熬。学会忍耐，挺起坚强的脊梁，用快乐和潇洒清扫尘灰般的意志，不论是低迷抑或是高涨，你的人生都将因努力而变得壮美如画。

第13章
另眼看世界，发现一种美

人生旅途有风和日丽，就有狂风暴雨，这需要我们另眼看世界，用变通的方法处理。生活中许多事情并不尽如人意，于是我们常常忧虑。其实，生活又何尝是百分之百完美呢？是否幸福快乐，在于我们是否换个角度看世界。

快乐烦恼，皆由心生

生命的完整，在于宽恕、容忍、等待和爱，如果没有这一切，即使你拥有了一切，也是虚无。

佛说："烦由心生。"那么心呢？生活中，每个人不过是一个凡夫俗子，怎么会有那么多烦心的事情呢？有什么值得烦恼呢？一个人在烦恼时都有这样或那样的理由：受到了不公正的待遇会烦恼，受到他人的辱骂会烦恼，受到朋友的欺骗会烦恼，等等。虽然，只要一个人还活着，他就免不了遭受这样或那样的烦恼，但是，很多时候，只是一切在于心，本来凡事不可尽如人意，又何必要烦恼呢？何故要抛弃开心呢？而且，烦恼并不是一件皆大欢喜的事情，既伤自己的身心，还会给身边的朋友带来忧虑。所以，学会为生活多增加一些阳光雨露，开开心心，不要烦恼，烦恼的天空是看不见美丽的彩虹的。

德国哲学家康德曾说："发怒，是用别人的错误来惩罚自己。"或许，别人的错误是应该受到惩罚，但并非一定要通过自己的生气来实现，而且，生气并不能达到惩罚他人的目的。既然错误在于别人，自己为什么要生气呢？难道自己发了很大的脾气，对方就能受到惩罚吗？结果恰恰相反，气得大哭，红肿的是自己的眼睛；气得一个人喝闷酒，伤害的是自己的身体；气得丧失理性，疯狂购物，挥霍的是自己的钱财，其实，这都是对自己的惩罚。而且，生气非但解决不了问题，反而会把问题弄得更加复杂。所以，面对他人有意或无意造成的错误，请学会开心，这样，生活的天空就会时常出现美丽的彩虹。

王太太心眼小，平时总为一些事情无端生气，而且每一次负面情绪来袭的时候，她都没办法控制自己。时间一长王太太脾气越来越差，与家人、朋友关系也变得疏离，她感到自己应该改掉坏脾气。

于是，她去山上的寺庙，请求大师帮助。她先是将自己的委屈、烦恼全部诉说，大师听了，一言不发，将她带到一间屋子，沏好茶，让她先坐一会儿，然后大师就忙别的事情去了。王太太刚开始还能安静坐着喝茶，看看房子里的摆设，或看看天花板，打发时间。很快，半个小时过去了，大师还没过来，王太太有点坐不住了，开始焦躁不安，她左顾右盼，希望大师能早点过来。

又过了半个小时，王太太忍不住了，她站了起来，在房间里走来走去。她觉得控制不住自己的脾气了，一会儿大师来了，肯定要大声问："你怎么才来？"甚至她已经想好了如何去发泄自己等了那么久的不耐烦。

又过了一个小时，大师终于来了，开口就问："你生气吗？"王太太回答说："我生气的是我自己，我真是瞎了眼，怎么会到你这种地方来受罪。"大师眼睛看着远处，说道："连自己都不原谅的人怎么能心如止水？"说完，拂袖而去。过了一会儿，大师又来了，问道："还生气吗？"王太太回答说："不生气了。"大师追问："为什么？"王太太无奈地回答："气也没有办法呀。"大师点点头，说道："但是，你的气并没有真正的消失，那气团还压在心里，爆发后将会更加剧烈。"说完，大师又离开了。

大师再次来到门前，王太太主动告诉大师："我不生气了，因为这根本不值得。"大师笑着说："还知道值得不值得，可见你心中还有衡量，还是有气根。"王太太不解，问道："大师，什么是气？"这时，大师打开了房门，将手中的茶水洒在地上，王太太想了很久，恍然大悟，向大师叩谢而去。

在大多数的时候，生气并不能真正地解决问题，即使心中有气，问题也未必能够得到好转。而且，生气是一件不值得的事情，既然，生气了还是不能解决问题，那何必怀着一份气愤的心情来面对呢？在积极乐观的心态下，或许会对解决问题有良好的助推作用，同时，我们摆脱了“气团”的打扰，重新获得了一份愉快的心情，这何尝不是一件美事呢？

有哲人说：“生命的完整，在于宽恕、容忍、等待和爱，如果没有这一切，即使你拥有了一切，也是虚无。”生活中本没有那么多的烦恼，而是心境选择，烦恼才会源源不断，从而使我们的生活开始不得安宁。如果你能仔细回想每一件事情，你会发现，原来上天也很眷顾自己，亲人一直陪伴左右，朋友也从未主动离弃。为什么一定要烦恼呢？烦恼是一种奇怪的东西，若是吞下去会觉得反胃；若你根本不在意它，那么，它会主动消失。

心灵物语

如果你总是任由内心的烦恼横冲直撞，那么，乌云将笼罩整片天空；如果你根本不在意烦恼的存在，那么，美丽的彩虹会重归生活。人生的快乐是享受不尽的，哪里还有多余的时间去烦恼呢？在任何时候，我们应该永远记住：快乐烦恼，皆由心生。

转一个角度，换一份心情

人生就像一朵鲜花，有时开，有时败，有时候面带微笑，有时候却低头不语。其实，人生就是这样，无论我们处于什么样的境地，只要学会看情绪晴雨表，学会调节出好心情，你会发现，人生远没有想象中的糟糕，而我们所遭遇的那些根本不算什么。人生，注定就是一条充满曲折、困难的路，或许，烦恼无所不在，但是，面对这样一些事情，我们能够尝试着打开心灵的另一扇窗户，以一种积极、乐观的心态去面对，你会发现，所谓的烦恼根本不存在，人生依然无限美好，问题的出现并没有改变我们的好心情。

有人这样抱怨：“这天老是下雨，还要不要人活啊，今天出门的计划又泡汤了。”而在街头的另一处风景中，一位少女正撑着雨伞散步，小脚丫在雨水中快乐地奔跑。我们发现，“下雨”这个事实并没有改变，少女所改变的不过是自己的心情，像天气预报一样，情绪也有晴雨表，要想自己拥有一个好心情，我们要善于选择“晴朗的天气”，而不是沮丧的“雨天”。

有个老太太有两个儿子，一个卖伞，一个刷墙。于是，老太太天天提心吊胆，闷闷不乐，因为晴天的时候，她担心儿子的伞卖不出去，下雨的时候，她又开始发愁另外一个儿子没法刷墙。后来，一位智者告诉她：“试着换个心情，你想想，下雨的时候伞卖得最多，那卖伞的儿子生意不正好吗，心情就好了；天晴的时候刷墙正好，刷墙的儿子生意也兴旺，心情自然也就好了。这样一来，无论是晴天，还是雨天，对于你来说，心情都没有改变。所以，什么时候都不会错的，你所应该选择的是一份快乐的心情。”老太太听了，笑逐颜开，再也不用整天担心了。

杯子里有半杯酒，一个酒鬼来了，看见就摇了摇头，十分沮丧：“唉，只有半杯酒。”一会儿，又来了一个酒鬼，看到半杯酒兴奋地说：“太好了，还有半杯酒。”杯子里依然是半杯酒，但是，因为心境不同，心情自然大有不同。

每个人的心中都有一个情绪晴雨表，只是，我们常常习惯于看见阴郁的雨天，而忘记了晴朗的那方天空，于是，我们的情绪也变得阴郁起来，不由自主地以悲观、消极的心态来面对生活。如此一来，那些本来看起来十分细小的事情，也会让我们火气大发，甚至，阴郁的心情逐渐蔓延开影响我们身边的人。

从前，有一位禅师，他十分喜爱兰花，在平日讲经之余，禅师花费了许多时间来栽种兰花，弟子们都知道禅师把兰花当成了自己生命的一部分。

有一次，禅师要外出云游一段时间，在临行前，禅师特意交代弟子：“要好好照顾寺庙里的兰花。”在禅师云游的这一段时间里，弟子们都很细心地照料着兰花，但是，有一天，一位弟子在浇水时不小心将兰花架碰倒了，于是，所有的兰花盆都摔碎了，兰花也洒了满地。弟子感到十分恐慌，并决定等禅师回来后，向禅师赔罪。

过了一段时间，禅师云游归来，听说了这件事，便立即召集了所有的弟子们，非但没有责怪那位弟子，反而安慰道："我种兰花，一是希望用来供佛，二是为了美化寺庙环境，不是为了生气而种兰花的。"

禅师喜欢兰花，是一种情感的自然释放，并不是为了生气而种兰花的。因此，即使弟子不小心弄坏了兰花，禅师也选择了快乐的心情，他不仅没有生气，反而安慰弟子们。面对兰花这件事情，禅师选择了坦然的心情，自己虽然喜欢兰花，但并没有因失去兰花而烦恼，所以，失去了兰花并不会影响自己的情绪，禅师依然有一份难得的好心情。而且，深知情绪晴雨表的禅师明白，即使生气又有什么用呢？反而会乱了自己的心情，坏了情绪，不如选择一份快乐的心情，以坦然的心境面对一切，这样，我们才会收获人生的幸福与快乐。

心灵物语

心情，与生活一样，我们是可以选择的，即使事情变得十分糟糕，我们也依然选择以快乐的心情面对。这样，我们既能看清楚事情的真实情况，而且，积极乐观的心态可助我们更好地解决问题。

换一种想法，奇迹便会出现

有什么样的想法，就会有什么样的命运。

如今，很多人都在不停地抱怨。工作的时候，抱怨没得到满意的待遇；失业的时候，抱怨老板不讲情理；应聘的时候，抱怨好运不垂青自己。总之，人生灰暗，似乎怎么努力都不过是死水一潭。

有四个小孩在山顶上玩耍，正玩得起劲的时候，突然，从山顶远处窜出来一个大狗熊。第一个小孩反应很快，拔腿就跑，一口气跑了好几百米，跑着跑着，他感到身后没有人，他回头一看，其他三个孩子都没有动，他大声喊道："你们三个怎么还不跑呀，狗熊来了会吃人的！"

第二个小孩正在系鞋带，他回答说："废话，谁不知道狗熊会吃人呀，别忘了狗熊最擅长的就是长跑，你短跑有什么用？我不用跑过狗熊，只需要跑过你就行了。"这会儿，他惊奇地问旁边的小孩："你愣着做什么？"第三个小孩说："你们跑吧，跑得越远越好，一会儿狗熊跑近我的时候，保持安全距离，我带着狗熊，到我爸爸的森林公园，白白给我爸爸带回一份固定资产。"说完，他忍不住问第四个小孩："你怎么不跑啊，等死呀？"第四个小孩说："你们瞎跑什么呀，老师说了在没有搞清楚问题的时候，不要乱作决策，不要乱判断，需要做市场调查，狗熊是不会轻易吃人的，你们看山那边有一群野猪，狗熊是奔着野猪去的，你们跑什么呀？"

面对"狗熊来了"同一件事，不同的小孩有不同的思维方式，而每一种思维方式都比前一种考虑得更周到。事实上，当我们试着多角度看问题的时候，你会发现狗熊并不是冲你来的，内心那些恐惧和忧虑是多余的，完全没有必要，生活依然是美好的，我们完全可以放下心中沉重的包袱。每一个人眼中都有一个与众不同的"小宇宙"，不同的人在各自的"小宇宙"中发现着不同的色彩，演绎着各自不同的人生。

老师在黑板上画了一幅画，白纸中画了一个黑色圆点。老师问学生："你们看见了什么？"全班同学一起回答："一个黑点。"老师说："你们只说对了一部分，画中最大的部分是空白，只见小，不见大，就会束缚我们的思考力，许多人不能突破自己，原因就是在这里。"很多时候，传统的思维定式会束缚我们的想象力，而多种角度看问题，我们可能会有新的发现。

英国曾举办了一次有奖征答活动，题目是这样的：在一只热气球上，载着三位关系着人类生存和命运的科学家。一位是环保专家，如果没有他，地球在不久之后会变成一个到处散发着恶臭的太空垃圾场；一位是生物专家，他能使不毛之地变成良田，解决几亿人的生存问题，还能够运用基因技术使人的寿命延长到200岁；一位是国际事务调解专家，没有他的存在，各个军事大国的矛盾可能就会一触即发，地球将面临核战争的阴影之中。但是，不幸的是，三位专家所乘坐的热气球发生了故障，正在急速下坠，除非把其中一个人扔出去，也许还有可能脱离危险，问题是，把谁扔下去呢？

到底该把谁扔下去呢？下面的孩子们想了起来：环保专家很重要，没有他人类将会灭亡；可是，生物专家解决的可是生存问题，没有了粮食人类就会饿死；而国际调解专家也很重要，如果发生了核战争，人类也将会灭亡。这时，一个小男孩说出了正确的答案："把最胖的一个扔下去。"

有时候，我们凭着传统的思维方式来解决问题，常常会感到无所适从，谁知，机会往往会在你犹豫不决时悄然离去。如果我们都能像那个小男孩一样，跳出常规思维，多角度去思考和解决问题，用一种全然不同的思路和方法去解决问题，可能就会有豁然开朗的感觉。多角度看问题，我们常常会获得意外的惊喜。

哲人说，有什么样的想法，就会有什么样的命运。在任何关键的时候，正确的想法都是解决问题的唯一途径。有人经常说："我忙得没有时间去想。"然而，就是"没时间去想"这五个字，成为成功与失败的分水岭。平庸的人只知道"埋头拉车"，而成功的人却能"低头去想"，换个角度去思考。正因如此，他们能够找到解决事情最好的方法。

心灵物语

思想有多远，你就能走多远，不同的思维决定不同的出路。一个人在做事之前，一定要善于变换角度看问题，学会变通是跨越生命障碍走向成熟的重要一步。激动人心的成功总是和出类拔萃的创意联系在一起的，善于改变自己的思维，就会取得非同一般的成效。

换一种生活，心态就会改变

上帝在关上一扇门的同时，会为你打开另一扇门。

在这个世界上，并没有一成不变的事情，无时无刻，这个世界都在发生着巨大的变化。但是，改变将会引起人们内心的恐惧，事实上，几乎所有的改变都会导致恐惧，不管是好的改变，还是坏的改变，都会唤起人们内心的恐惧。有人想结婚，但他马上会陷入恐慌，如果爱情无法天长地久怎么办？如果自己选错了伴侣怎么办？有人想换一份新的工作，但他马上会惶恐不安，如果自己不能胜任新工作怎么办？如果公司没办法兑现求职时的承诺怎么办？甚至，有的人想改变自己的发型，他也会担忧不已，万一新发型看起来很糟糕怎么办？如果自己因此而变得不漂亮怎么办？似乎这是听起来很可笑的事情，但事实就是如此：改变常常令我们感到局促不安。

王太太嫁给了一个地产大户，因为家里相中了对方家里的财势。第一次去他家，她看着旋转的大厅，以及宽阔的大花园，心里觉得没什么好拒绝的。于是，婚事就这样答应了下来。

结婚后，王太太过着衣食无忧的阔太太生活，老公整天忙着工作，她无聊就约上几个朋友打麻将，或者飞到香港去购物。她常常会想：如果失去了这样的生活，自己该怎么办？当然，王太太的担心并不是毫无理由的，最近，楼市跌得厉害，许多房产大户都成了穷人家。就好比经常与自己一起打麻将的张太太，去年房市低迷，他们硬是没熬过来，现在一家人挤在几十平方米的出租房里。每次打电话，张太太就哭：“这日子是没法过了。”

没想到，过了不久，这样的猜想成为了事实。王先生投资失败，不仅血本无归，而且，还欠了几十万元的债。王太太还没来得及看一眼后花园，就坐着一辆破旧的面包车走了。搬家后，他们租了房子，王先生的家人凑了钱还了债，王先生和太太都开始了工作。

上班、煮饭、洗衣服、一个人带孩子，这些事情，王太太连想都没想就做了。原来，她发现自己的老公除了会赚钱以外，还会炒菜、煮饭，还会逗孩子开心。以前他太忙，两个人几乎没好好地在一起生活，现在这样的日子挺好的。王太太想起以前总害怕改变自己的生活，但是，真的变了，她却发现没什么不好，虽然失去了物质上的富足，却找回了久违的家的温暖。

上帝在关上一扇门的同时，会为你打开另一扇门。当我们过着熟悉的生活的时候，总是害怕会被改变，但是，许多灾难、横祸是无法阻挡的，能改变的唯有我们的心态以及我们内心的胆怯。不要去在乎自己失去了什么，哪怕是工作、房子、信用卡，无论我们的生活发生了怎么样的巨变，我们都可以从头开始自己的人生，甚至，你会重新登上新的高度。

惠普中国区首席财政官韩颖说："好的设想常常被扼杀在摇篮里，但这绝对不是你变得平庸的真正原因，永远不要害怕改变，改变里就有契机。"

当年，韩颖离开了自己工作了九年的海洋石油公司，正式加入惠普公司，在财务部工作。那年，她34岁，面对周围朋友的异议，她说："人生什么时候改变都不会晚。"

在20世纪80年代末期，惠普公司的员工还没有工资卡，每次发工资都是手工完成。300多人的工资，又没有百元大钞，韩颖必须得一一核实，经常数钱数得头都晕了。无意中经过公司附近的一家银行，韩颖灵光一现，为什么不给员工开户，让员工凭着折子领取工资呢。

说做就做，她兴奋地告诉大家以后领工资不用去排队等候了，直接拿着折子就可以去银行领取了。但是，事情并不顺利，先是员工的抵触情绪，然后，上级领导又把韩颖批评了一顿。回到财务部，韩颖努力忍住自己的眼泪，难道自己真的错了吗?

正在这时，公司的上层领导听说了这事，肯定地赞扬了她："你改写了公司手工发工资的历史，这种勇气和创新精神非常值得嘉奖！"

改变，它本身带着一种破坏性，将意味着你将破坏以前固有的东西，而重新去接纳一种新的东西。几乎所有的改变都具有破坏性，即使是好的改变，但是，在生活中，许多事情都是需要改变的，那是不容拒绝的。或许，人的心理就是这样矛盾，不变让人厌烦至极，而改变却让人局促不安。通常情况下，那些熟悉的、不变的事情总会让我们感到心安。

心灵物语

有人说："生命开始于舒适地带的尽头。"无论改变本身带给我们怎么样的不安心理，但是，我们必须记住：生活中的改变只是一个开始，而并不是一个结束。不要害怕改变，因为人生的乐趣就是接纳新的生活。

脑洞大开，多维度看世界

创意就发生在我们的身边，它可以不是一个具体的产品，可以只是一种思路。

脑洞大开，拥有创新思维，发挥自己的创意，要求我们不要一味地跟在别人的后面跑，要想胜人一筹，就要有独辟蹊径、开拓创新的精神。用与众不同的思维模式成就自己，吸引别人。在如今这个新事物层出不穷的变革时代，创新已经变得极其重要了。这不仅是生存的需要，更是发展和成功的需要。创新失败不是耻辱，不创新才是耻辱。今天一个人要想立足社会，将以有无创新意识和创新能力来最终论定成败。

创新创造价值的观念早已扎根于那些成功者的大脑中，在不断开发自己的大脑、实现创新的过程中，他们的资本逐渐增加，为以后成就大事打下坚实的基础。而更有一部分人，他们的一生都在为着自己的理想和金钱的富足而拼搏，只因偶尔的灵机一动，灵感的火花就使得他们创造了无穷的价值，实现了个人的飞跃。

1973年，年仅15岁的格林伍德收到别人送给他的圣诞节礼物——一双冰鞋。他非常高兴，因为他一直渴望有滑冰的机会。

拿到这件礼物后，格林伍德马上就跑出屋子，到离家很近的结了冰的小河上去溜冰。可能是他初次出来，他感觉到天气太冷了，一溜冰，耳朵被风吹得像刀子割了似的。他戴上了“两片瓦”式的皮帽子，把头和腮帮捂得严严实实的，一玩起来又热得满头是汗。

格林伍德想，为什么大家设计的为耳朵保暖的东西，都是个帽子呢？这样不利于运动。既然耳朵容易感觉冷，那就应该做一件能专门捂得住两边耳朵的东西。

回到家后，他细心研究，在纸上勾画着。他终于琢磨出一个大概的样子，请妈妈照他的意思做。他妈妈摆弄了好半天，缝出了一双棉的耳罩。格林伍德戴上它去溜冰，果然挺管用。一些朋友见到了，也向格林伍德要。格林伍德和妈妈商量，去把祖母也叫来，一起做耳罩。经过几次修改，耳罩做得更适合，也更好看了。小格林伍德把它取名为“绿林好汉式耳套”，并且向美国专利局申请了专利。“绿林好汉式耳套”的专利号是188292。

一双耳套能值多少钱？申请专利又有什么用？

答案是：小格林伍德后来成了世界耳套生产厂家的总首领，因为这项专利，他成为了百万富翁。

就是这样的一个想法，一个与众不同的思维方式，使得小格林伍德尝到了创新的甘甜。金钱的积累也在短时间内迅速飙升，人生的命运也因为这样一个独特的创新性思维带来的收获而改变。仔细分析，格林伍德的成功有两个关键之处，一是别人戴帽子或不戴帽子已形成了习惯，不再去想怎样保护耳朵，而他却专门做了个耳套；二是做了耳套后，他为之命名并且申请专利。换句话说，他懂得开发自己的创新思维，从小处着眼，向大处推广，把自己的创新意识扎根于现实。

从上面的故事，我们不难看出，创新思维直接表现在人们日常生活中所说的创意上，创意的起源常常是有心人的灵机一动，不需要经过严谨的学术训练和精密的理论论证。对于创意，任何一个人都可以与之亲密接触，只要勤于观察，善于思考，大胆创新，就有可能出奇制胜，获得可观的效益。

减肥是令许多人望而却步的难事，是许多胖子们的大难题。市场上的减肥中心、减肥药物等繁多，竞争已到白热化，大家的利润也因此降到很低。这也使得减肥者感到茫然，不知道该选择哪一家好。但有一家减肥中心因为一个创新的减肥绝招，使得自己门庭若市。

一天，一位胖男人慕名而来，他已有过多次失败的经历了。他抱着最后一试的态度问教练，他该怎么办？

教练记下了他的地址，然后告诉他：回家等候通知，明天会有人告诉你怎么做。

第二天一早，门铃响了，一位漂亮性感的妙龄女郎站在门口，对胖子说：教练吩咐，你要能追上我，我就是你的。胖子大喜，从此每天早上都在女郎后边狂追。如此数月下来，胖子已逐渐身手矫健起来，他早就忘了这是减肥，只是一定要把那姑娘追到手。

直到有一天，胖子心想：今天我一定能追到她了。他早早起来在门口等着，那位姑娘没来，来的是一位同他以前一样胖的女士。

胖女士对他说："教练吩咐，我要能追到你，你就是我的。"

诚然，这个故事包含着一定的喜剧色彩，但在我们笑过的同时，也不免为这位教练的机智和创新性思维感到眼前一亮。就是这种新鲜、与众不同的方法与感觉，使得这家减肥中心的生意日渐火爆，也使得人们对创新的效果理解更深。

大富豪洛克菲勒有句名言："如果你想成功，你应辟出新路，而不要沿着过去成功的老路走……即使你们把我身上的衣服剥得精光，一个子儿也不剩，然后把我扔在撒哈拉沙漠的中心地带，但只要有两个条件——给我一点时间，并且让一支商队从我身边经过，那要不了多久，我就会成为一个新的亿万富翁。"

敢于说出这样的话的人，肯定充满了豪情壮志，让人不禁动容，这种坚定的信念和敢于创新的精神无疑是做事成功的一个根本素质。

心灵物语

拥有创新思维，在日常的生活中多留心观察，同时开动自己的大脑，抓住自己一时的灵感，拥有创意，并敢于行动的，多半会成为成功者。创新性思维每个人都能够具有，而创意就发生在我们的身边，它可以不是一个具体的产品，可以只是一种思路。

第14章
快乐工作，找寻人生的价值

约瑟夫说：“我不喜欢工作，没有人喜欢工作。但是我喜欢在所从事的工作中找到发现自己的机会。”人的半生都在工作。没有钱会不快乐，但是赚更多的钱不会更快乐。唯有在工作本身实现自我、感到快乐，才能持久。

异性效应：巧妙引导合作

男女搭配，干活不累。

生活中总存在这样的现象：办公室男士居多，工作热情不高？一旦办公室来了一位女士，那气氛就更加活跃起来了。在人际交往中，异性接触会产生一种特殊的相互吸引力和激发力，并能从中体验到难以言传的感情追求，而这将对人的活动和工作通常起到积极的影响，这种形象就被称为“异性效应”。在日常生活中，我们经常听见有人调侃：“男女搭配，干活不累。”其实，这就是异性相吸定律的典型表现，异性效应指的是因男女共同做事而引起的对活动起积极影响的微妙作用，这与物理学中所说的“异性相吸”是一样的道理。

当然，“异性效应”并不是夫妻关系，或者男女之间日常的一般性接触，而是男女在工作、娱乐中，为了加深了解而有较多的接触交流。在男女双方认为，这本身是一种为了事业进步的有意义的活动，他们之间所存在的这种感情和友谊，是人际交往中的重要部分，比起同性之间的交往，他们的情感有限度之别。

阿美青春靓丽，刚刚大学毕业就进了公司公关部。一次，公司资金周转出现了困难，急需一笔贷款，公司财务部派人去与银行协商，却不料吃了闭门羹。上司急得团团转，阿美主动请缨，出面在银行之间周旋，短短一天就争取到了上百万元的贷款，因此阿美被升为公关部经理，工资、奖金一加再加。

身边的同事纷纷觉得奇怪，一个初出茅庐的小姑娘有这么厉害吗？对此，有人试图总结了阿美成功的秘诀，发现她除了具有清醒的头脑、敏捷的口才、丰富的知识以及待人接物的灵活之外，那美丽的容貌、优雅的仪表有很大的关系。

阿美成功的原因主要是由于心理学上所谓的“异性效应”。在对现实生活的研究中，不少心理学家发现，在一个只有男性或女性的工作环境里，尽管条件优越，自动化程度比较高，但无论男女，他们都很容易疲劳，工作效率也不高。比如，在几年以前，南极考察的澳大利亚科研人员得了一种怪病“晚上失眠，白天昏昏沉沉”，用了许多方法，都无法治愈，后来经过调查发现，根源竟是“没有男女搭配，是性别比例失调严重，导致异性气味匮乏的结果”。

美国科学家曾发现一个有趣的现象，在太空飞行中，60.6%的宇航员会出现头痛、失眠、恶心、情绪低落等症状。经心理学家分析，这是因为宇宙飞船上都是清一色的男性。之后，有关部门采纳了心理学家的建议，在执行太空任务时挑选一位女性加入，结果，宇航员先前的不适症状消失了，还大大提高了工作效率。

这便是典型的“男女搭配，干活不累”的“异性效应”在起作用。

在日常生活中，我们还会经常看到这样的现象：男营业员在接待女顾客时，通常要比接待男顾客热情些；而女性出面会使谈判过程更为顺利。现代社会是一个男性占很大优势的社会，导致外出办事大多数需要与男性打交道，而如果由女性出面会较为顺利，这也是“异性的魔力”。所以，我们需要求人办事的时候，需要记住：向异性婉求，办事会更容易。

大部分人在异性面前会十分愉快地完成那些在同性面前非常不愿意完成的任务，甚至还表现得非常机智、勇敢，而许多领导也很愿意让男女同事成为搭档，一起完成一个项目。在生活中，尤其是在请求帮助或商量事情的时候，异性效应也会发挥出特别的作用。

女性拥有漂亮的外表，且彬彬有礼，求异性办事很容易成功，但若为了达到某一目的，利用自己的色相去引诱他人，这就是令人不齿的。向异性求助，要想消除对方的紧张感，自己首先要表现得大方自然、不拘束，这样才有可能获得他的帮助。虽然，理智办事和善于把握自己的情感固然重要，但太严肃或者冷淡，也会伤害对方的自尊心，会让对方觉得你高傲无礼，有可能会拒绝你的求助。

心灵物语

男性的表现欲和征服欲比女性强，潜意识里希望获得异性的赞美和欣赏，一旦获得异性的赞赏，其心理体验将得到极大的满足；女性则在获得异性的关注后，会觉得自己很优秀，获得如此的心理体验后，便会感觉有了新的努力方向。这就是异性效应带来的益处。

杜利奥定理：热忱是工作的灵魂

没有什么比失去热忱更使人觉得垂垂老矣的了，精神状态不佳，一切都将处于不佳状态。

美国自然科学家、作家杜利奥提出："没有什么比失去热忱更使人觉得垂垂老矣的了，精神状态不佳，一切都将处于不佳状态。"这个定理被称为杜利奥定理。我们应该明白，在工作中主动远远利于被动。那如何让自己去主动工作呢？假如内向者将热情投入自己的工作之中，那他是否会主动呢？

威廉·费尔波，是耶鲁大学最著名而且深受欢迎的教授之一，他非常热爱自己的工作，曾经这样谈起自己的工作："对我来说，教书凌驾于一切技术或职业之上。如果有热忱这回事，这就是热忱了。我的爱好是教书，正如画家的爱好是绘画，歌手的爱好是唱歌，诗人的爱好是写诗。每天起床之前，我就兴奋地想着有关学生的事……人的一生之所以能够成功，最重要的因素是对自己每天的工作抱着热忱的态度。"

沃尔商业的创始人山姆·沃顿充分肯定热情在工作中的重要性，他要求公司的每一位员工都要热爱自己的本职工作。假如哪一位员工没有热情，那么就只能请他走人了。

当一个顾客走进沃尔商场时，他在30秒之内便能得到亲切的问候，即便商场职员都在为别的顾客服务。在这种情况下，职员通常会请正在为之服务的顾客原谅："对不起，我去跟那位顾客打个招呼请他稍等片刻，您不会介意吧？"这些话经常会得到顾客的原谅和好感。

在职员们问候完新到的顾客后，他通常会加上一句："感谢您的耐心，很快将会有人过来为您服务。"刚到的顾客和已到顾客都会感到非常满意，因为受到了热情的接待。

当然，沃尔商场的这种洋溢的热情得到了回报，因为每一个职员都热爱自己的工作，在这里，每一位顾客都会感觉到自己是上帝。10年以前，美国最大的零售商：

同样一份工作，由热爱者和不热爱者来做，效果是截然不同的。内向者热爱自己的工作，会让自己变得十分有活力，工作干得有声有色，创造出许多辉煌的成绩；而不热爱自己的工作，则会让自己变得懒散，对工作冷漠处之，当然就不会有什么发明创造，也会影响其潜在能力的发挥。

克罗克一出生，就与一个本来可以发大财的时代擦肩而过——向西部淘金的运动结束了。而正当他准备上大学时，又迎来了1931年的美国经济大萧条。他不得不顺从囊中羞涩的现实，辍学去搞房地产。可房地产生意刚有起色，第二次世界大战又打起来了，人们都只顾逃命，哪有心思买房？于是房价急转直下，克罗克又是竹篮打水一场空。这以后，他到处求职，曾做过急救车司机、钢琴演奏员和搅拌器推销员。但似乎一切都不顺利，不幸几乎就没离开过克罗克。

尽管如此，克罗克仍是热情不减，执着追求，毫不气馁。1955年，在外面闯荡了半辈子的他空手回到了老家。在卖掉了家里的一份小产业后，克罗克开始做生意。这时，他发现迪克·麦当劳和迈克·麦当劳做的汽车餐厅生意十分红火。经过一段时间的观察，他确认这种行业很有发展前途。当时克罗克已经52岁了，对于多数人来说这正是准备退休的年龄，可这位门外汉却决心从头做起，到这家餐厅打工，学做汉堡包。后来，他毫不犹豫地借债270万美元买下了麦氏兄弟的餐厅。经过几十年的苦心经营，麦当劳现在已经成为全球最大的以汉堡包为主食的快餐公司，在国内外拥有7万多家连锁分店，年销售额高达近200亿美元，克罗克也被誉为“汉堡包王”。

对普通职员而言，你不关心别人，别人也不会关心你；你自己垂头丧气，别人自然对你丧失信心；你成为这个职业群里一个容易被忽视的人，那你自己也就等于取消了自己继续从事这份工作的资格。

有人曾做过一项调查：在现实的工作中，有82%的人把工作当作苦役，迫不及待地想要摆脱工作的枷锁；剩下的18%也并不是都喜欢工作的，大多数还抱着一种无所谓的态度；只有少数的2%的员工，是真心的为工作付出全部热情，当然，这少数的职员才是公司里真正的精英。当人们在工作中遭遇挫折或失败的时候，总喜欢以外界的理由去为自己开脱，比如竞争太过激烈等，他们很少会仔细地审视一下自己，自己是否热爱自己的本职工作，如果只是无精打采地上班，磨磨蹭蹭去工作，那只会让老板下定辞退你的决心。

乔·吉拉德就是一位浑身的细胞都充满活力的人，由于他活力四射，很快就成为了全美汽车销售冠军。他曾感叹说：“我从事销售工作多年，见到过许多人，由于对工作保持活力，他们的绩效成倍地增加。我也见过另外一些人，由于缺乏活力而走投无路，我深信活力是成功推销的最重要因素。”因为对工作充满激情，才会保持活力，才不会那么轻易地放弃，而最终会坚持到底。

当一个人总是保持神采奕奕的状态，那他干什么事情都会坚持到底，而绝不会半途而废。当然，所谓的活力是源于内心的热忱，因此活力具有强烈的感染力，所有和它有过接触的人都会受到深远的影响。

心灵物语

对艺术保持足够的活力，不放弃，不半途而废，那就可以成就旷世杰作和伟大艺术家；对商业保持绝对的活力，就可以获得丰厚的利润，甚至成就商业帝国。活力，会让人对某件事坚持到底，而这样的品质正是成功所需要的。

二八定律：寻找时间的价值

有什么样的思想观念，就有什么样的工作效果。

1897年，意大利经济学家帕累托从大量具体的事实中发现：社会上20%的人占有80%的社会财富，即：财富在人口中的分配是不平衡的。所以，二八定律成了许多不平衡关系的简称。一个人的时间和精力都是十分有限的，若想真正“做好每一件事情”几乎是不可能的，要学会合理地分配时间和精力。

时间观念的改变，会使一个人的生活更丰富、更充实，在管理时间、利用时间的过程中，你的做事效率必定也会有一个很大的提升。时间对于每一个人来说，都是无法挽留的，它就像东逝之水，一去不返。当一天结束时，时间不会留作明天待用，一个有所作为的人，必须学会有效地安排时间，有效地利用时间，更为重要的是优化自己的时间观念，提升自己的做事效率。

高效率意味着高投入，没有投入就没有产出，低投入只能带来低产出。对大脑的投资是一种决定命运的投资，只能以最大最优先的投入对待。对大脑的投资也是一种产生最大效率和最大收益的投资，永远不会亏本。明白了这个道理，你才能拥有正确的时间观念，才会有获得财富和社会地位的能力。你才能获得比别人更高的效率，你才能跑在赛道的最前面。

诺斯古德·帕金森是英国著名的历史学家，他在分析了为何“大型组织大而无当，毫无生气”时，指出：“事情增加是为了填满完成工作所剩的多余时间。”这个定律告诉我们，工作效率低，是因为我们给了这个工作太多的时间。

帕金森描述了一位老太太花了一整天时间，寄一张明信片给她侄女的过程：花一个小时找那张明信片；花一个小时找眼镜；花半个小时查地址；花一个半小时写明信片；用20分钟考虑寄信时要不要带伞。就这样，一个人只需花3分钟就能干完的事情，却让另一个人花了一整天时间才干完，并且犹豫不决，疲惫不堪。

帕金森得出结论："做一份工作所需要的资源，与工作本身并没有太大的关系，一件事情膨胀出来的重要性和复杂性，与完成这件事花的时间成正比。换句话说，给自己很多时间做一件事，不一定能提高工作的效率。时间越多反而越容易使人懒散，缺乏动力，效率低。一个学生平均成绩一直较低，家长只好让他修学分最低的功课，儿童心理学家却建议这个学生多修一些课。结果出乎大家意料，这个学生多修课后，所有功课成绩不降反升。事实上，这个学生要做的就是打起精神，提高学习效率。

我们常说，观念决定思路，思路决定出路。对待一件事情，一堆事情，一天的事情，甚至是更为长远的规划，如果能做到帕金森那样对利用时间、提高效率有如此清晰的认识，那么你投资大脑的工作就取得了卓越的成效，你将取得可喜的转变。

一些成功的企业家告诫年轻人，有什么样的思想观念，就有什么样的工作效果。不断地更新观念，不断分析自己、认识自己、提高自己，才能改变不执行和浪费时间的不良习惯，提高整个企业的运转效率，自动自发地做好本职工作。

在这个世界上，做同一种工作的人不计其数，做同一种工作的方法更是数不胜数，其中不乏效率高的方法。这就需要自己去寻找、去借鉴。在这个追求高效率的社会里，抓不住效率的绳索，就会被高效率的机器甩出十万八千里。没有效率意味着死亡，不投资大脑也就意味着没有效率。

工作大致可以分两类：一类是不需要思考，直接按照熟悉的流程做下去；一类是必须集中精力，一气呵成。对于这两类工作，所采用的方式也是不同的。对于前者，你可以按照计划在任何情况下有序地进行；而对于后者，必须谨慎地安排时间，在集中而不被干扰的情况下进行。

每天都需要做一些日常工作，比如打扫卫生，保持一个良好的工作环境；查看电子邮件，与同事或上司交流；浏览网页等。那么，每天预定好时间集中处理这些事情，通常安排在上午或下午开始工作的时候，而在其他时候就不要做这些事情了。

对于熟悉的工作和操作，需要加快速度，保质保量完成。对于自己工作中不太熟悉的技能和工作，及时向同事或上级寻求帮助，以加快工作进程。提高做事效率，其中重要的一项是提高执行力。要提高执行力就要做到加强学习，更新观念。日常工作中，我们在执行某项任务时，总会遇到一些问题。而对待问题有两种选择：一种是不怕问题，想方设法解决问题，千方百计消灭问题，结果是圆满完成任务；一种是面对问题，一筹莫展，不思进取，结果是问题依然存在，任务也不会完成。反思对待问题的两种选择和两种结果，我们会不由自主地问到，同是一项工作，为什么有的人能够做得很好，有的人却做不到呢？关键是一个思想观念认识和对待时间的态度。

心灵物语

投资大脑，为未来准备知识，知识和经验能使你在新的形势中迅速找出规律，你找出的规律越多，你的效率提升得越快，你在各种情况下作出抉择、采取行动的速度就越快，你的时间也就节省得越多，这就会使你迅速走入成功者的行列。

奥卡姆剃刀定律：不做任何多余的事

大自然不做任何多余的事。

在小说《安娜·卡列尼娜》中，有这样一句话：“安娜·卡列尼娜以一袭简洁的黑长裙在华贵的晚宴上亮相，惊艳无比，令周遭的妖娆粉黛颜色尽失。”有时候，繁重的装扮远不及简洁的魅力，这所体现的就是“奥卡姆剃刀定律”。这个定律是14世纪英格兰圣方济各会修士威廉提出来的一个原理，他说：“如无必要，勿增实体。”其含义就是：只承认一个个确实存在的东西，凡干扰这一具体存在的空洞的普遍性概念都是无用的累赘和废话，应当一律取消。这个看似有点偏激独断的思维方式，被人们称为“奥卡姆剃刀定律”。该定律的出发点是：大自然不做任何多余的事。

如果你有两个原理，它们都能解释到观测到的事实，那么你应该使用简单的那个，直到发现更多的证据。对于现象最简单的解释往往比复杂的解释更正确；如果你有两个类似的解决方案，最简单、需要最少假设的解释最有可能是正确的。当然，奥卡姆剃刀定律告诉我们：应该把一些烦琐累赘一刀砍掉，让事情保持简单。

在工作中，我们常常发现，简约的行事风格更能彰显自我力量，而对于我们所办的事情有很好的促进作用。有的人做事拖沓，明明是一个小时能完成的任务，他却硬是花了整整一天，如此拖沓而繁重的行事风格，让人对你的工作能力产生了质疑，进而对你之前所作出的良好评价也会大打折扣。

在办公室里，小王的办事风格是出了名的，上司曾在公司大会上当众表彰：“小王，你那简约的行事风格是我们公司所需要的。”对于同样一件事情，他总能够卸去繁重的部分，而找到最简捷的方法。对此，同事常常感到奇怪：“你是怎么做到的？”

小王举了这样一个例子：“下班后，我经常去钓鱼，每次都增加一些小东西，比如剪刀啦，装鱼料的小胶瓶啦，新购置的鱼网袋啊，小折叠凳啊，前不久，我还想去买个钓鱼箱。可是，钓鱼的装备越来越多，也越来越重，从最开始的一个背袋，增加到一个背袋和一个手提袋。等我到了钓鱼的地方，发现我已经承受不住重力了。于是，我开始减少自己所带的东西，最后，只剩下每次都能用得上的一个背袋渔具，如此，我也轻松多了，每次钓鱼都能够乘兴而归。”说完，小王又补充了一句：“这让我明白了，复杂的事情往往可以从最简单的途径解决。”

“如无必要，勿增实体”所告诉我们的是：许多事情就如同一棵大树，要把握主干，应该将无用的枝叶都砍掉。把事物变复杂很简单，把事情变简单却很复杂。我们在处理事情的时候，需要把握事情的主要实质，把握主流，解决最根本的问题，特别是要顺其自然，不要把事情人为地复杂化，只有这样，才能将事情处理好。

在奥卡姆定律提出之时，人们把它当作异端邪说，但现在，它越来越多地应用到企业管理中和实际生活中。美国最大的证券网站etrade.com曾成功地运用了一次“奥卡姆剃刀定律”，它推出了一次惊世骇俗的品牌推广活动：“踢开你的经纪人。”简洁的语言，一下子便引起了人们的共鸣。而美国另一家公司推出了这样一个广告：身穿白色制服的“服务小队”成员像圣诞老人一样从壁炉中钻出，从天而降，为顾客及时递送日常用品。如此的广告不仅承诺很到位，而且，很好地突出了时间的主题，剃掉了一切无用的废话，自然在市场收到了空前的效果。

在新的一天开始之前，我们应尽可能地把第二天所需要的东西在前一天晚上准备好。在准备的过程中，我们可以适当将那些烦琐的程序省略掉，而致力于寻找出最简捷的方法。这样一来，在第二天则能很好地完成工作任务。

许多人总是抱怨：“为什么我一天总是干不了几件事情？”有时候，之所以会形成这样的结果，是因为我们不善于去拒绝，每每身边的人要求我们去做一些事情，而这些事情又是无关紧要，我们则会应承下来。但是，这样一来，无形之中为我们自己增加了不少麻烦，所以，在生活中，要学会拒绝，尤其是那些无关紧要的事情，这样，我们会有精力将事情做得更完美一些。

心灵物语

为了更好、更快地办成自己想办的事情，我们应该抛却一切繁重而累赘的程序，以最简捷的方法解决问题。在这个过程中，不仅有助于我们早日办成事，而且，还会给身边的人留下很好的印象。

雷鲍夫法则：塑造职场信任度

生命不可能从谎言中开出灿烂的鲜花。

雷鲍夫法则是美国管理学家雷鲍夫提出的，其宗旨是：认识自己和尊重他人。雷鲍夫法则从语言交往的角度，言简意赅地揭示了双方建立合作与信任的规律。在我们需要建立信任基础的时候，应该将雷鲍夫法则自觉地运用到我们的交流与沟通中，这样，自然就会产生事半功倍的效果。

雷鲍夫法则包括这些内容：最重要的八个字是“我承认我犯过错误”；最重要的七个字是“你干了一件好事”；最重要的六个字是“你的看法如何”；最重要的五个字是“咱们一起干”；最重要的四个字是“不妨试试”；最重要的三个字是“谢谢您”；最重要的两个字是“咱们”；最重要的一个字是“您”。

在职场中，如何才能建立与上司、同事之间的信任关系，让他们信任你的办事能力呢？把话说得好听些，把事情做得漂亮些，信任度自然也就高了起来。虽然，做比说更有说服力，但是，如果能将说和做联系起来，推动雷鲍夫效应，那么，我们将能取得他们百分之百的信任。

老王在是办公室最受欢迎的人，为什么这样说呢？原因很简单，就四个字“办事放心”。同事有什么麻烦的事情，一旦说给老王听，他一定最先伸出援助之手，虽然，有的时候并没有帮上什么忙，但是，同事对他都是赞不绝口：“老王这个人真好，实在、厚道，他办事我放心”“就是啊，上次我说一个单子没弄好，结果他硬是花了一天的时间帮我完善了手续，我都不知道该怎么感谢他”“是啊，而且，他这个人还懂得感谢，那回我不过是顺便帮了他一个忙，谁想，他硬是拉着我去吃了一顿饭”……只要一说起老王这个人，他们似乎都有话说。

有一次，老王与一位客户会谈结束后，正在办公室整理签订的合约资料，这时，客户打电话来了，说自己一些文件资料不见了，希望老王帮忙找找。本来，合约已经签订下来了，要是遇到其他同事，敷衍几句就过去了。可是，老王觉得这样不行，他马上打车去刚才会谈的地方，问人、到处寻找，花了整整一下午，终于将资料找到了。对此，客户向老王竖起了大拇指："贵公司的人办事能力真行，让我很放心，希望以后咱们能继续合作！"同事们都说："老王，你太傻了，牺牲自己的工作时间去办这样一些事情。"可是，老王笑呵呵地说："也没什么，不就一个下午嘛，我还得感谢这位客户，不然，我怎么能有签单的机会呢。"

老王以自己的言行获得了上司、同事以及客户的信任，他们不约而同给了老王这样一句评价"你办事我放心"。在职场中，我们经常听到上司对下属评价"你的办事能力是有目共睹的，你办事，我很放心"，这表明，上司将百分之百的信任寄予下属。当然，作为职场中的一员，如果能够换来对方这样一句评价，那确实非常难得。

面对分配的任务，我们应该冷静、快速地作出这样的回应"我马上去办"。这样会让人感觉你是一个工作有效率、处理问题果断，且绝对服从的得力助手。相反，如果对方已经下达任务，可你还在那里犹豫不决，只会让对方不快，他自然会把你归类成为"优柔寡断"的下属。等到下次有什么好的机会，应该不会给你了。

在工作中，如果遇到了麻烦，或者出现了危机，不能马上就冲到别人办公室里告诉他这个坏消息。即使危机的出现与你并没有多大的关系，但这也会让上司怀疑你对待危机的能力，搞不好你还会挨骂，成为对方发泄怒气的对象。

让对方信任你的工作能力，应该从容地告诉他："我们似乎遇到了一些麻烦"，说话的时候，保持冷静，不要自乱阵脚。这样，上司会感觉到事情并不是有多糟糕，会感觉到你会与他并肩作战，共同解决问题。

心灵物语

在职场中，雷鲍夫效应所注重的是语言效果。作为职场人，如果想仅凭着自己熟练的技能和勤恳的工作，就能够得到上司的青睐，这未免太天真了。俗话说得好：“会干的不如会说的。”虽然，能力很重要，但会说话，却让你工作起来更轻松，而且，能够帮助你更快地升职、加薪。

第15章 念念不忘，让爱不过期

相识、相知、相爱，让浪漫的爱坚贞不渝，地老天荒，这是每个人都有的梦想。那么，爱情的保质期是多久？最让人们心里暖洋洋的莫过于周星驰的“一万年”。其实，有的时候，爱很简单，只要一个眼神，只要一份心意，那么爱就会保鲜。

移情效应：站在对方的角度看问题

爱一个人而连带爱他屋上的乌鸦。

移情，就是设身处地地为他人着想，而那些移情能力较强的人可以准确地感觉和体会他人的情绪、情感和思想，从而在了解别人和自己的基础上，进一步加深人际关系。古语曰：“爱人者，兼其屋上之乌。”意思是说，因为爱一个人而连带爱他屋上的乌鸦。后来，我们也常用“爱屋及乌”形容人们爱某人之深情及和这人相关的人和事，因此，心理学中把这种对特定对象的情感迁移与该对象相关的人或事物上来的现象称为“移情效应”。

移情效应是把自己的情感移到外物身上去，好像觉得外物也有同样的情感。简单地说，当我们喜欢某个人或物时，也觉得仿佛周围的人也会同样去喜欢。在平时生活中，当自己高兴的时候，好似大地山河都在欢笑；当自己在悲伤的时候，好似风云花鸟都在叹气。陶渊明为什么那么喜欢菊花呢？那是因为他在傲霜残枝中见出孤臣的劲节；林和靖为什么那么喜欢梅花呢？那是因为他在暗香疏影中见出隐者的高标。

欧洲空中汽车公司的推销员拉缇埃想在印度市场上占有一席之地，不过当他打电话给拥有决策权的拉尔将军时，对方的反应却非常平淡，根本不愿意见面。最后，在拉缇埃的强烈要求下，拉尔将军才勉强答应了给十分钟的会面时间。

在会面时，拉缇埃刚开始便告诉拉尔将军：“我出生在印度。”这一句话顿时拉近了拉尔将军和拉缇埃之间的距离，稍后拉缇埃又提起了小时候印度人们对自己的照顾，和自己对印度的热爱，瞬间让拉尔将军对他升起好感。之后，拉缇埃又使出了自己的绝密武器，他从包里拿出一张颜色已经泛黄的合影照片，双手捧着，毕恭毕敬地拿给将军看。拉尔将军拿过照片一看，惊讶地发现，照片上的人竟然是圣雄甘地。

拉缇埃笑着说："照片上这个小男孩就是我，那是我小时候和家人一起回国时，在一艘船上正好遇到了甘地，和甘地一起合的影，这次我要去拜谒圣雄甘地的陵墓，所以才把它拿出来。"甘地是印度的圣雄，深受印度人民的尊敬和爱戴，于是，拉尔将军对印度和甘地的深厚感情，便自然地转到了拉缇埃身上，这样一来，生意最后自然也成交了。

由此可见，移情效应是一种心理定式，每个人都有所谓的"七情六欲"，因此人和人之间最容易产生情感方面的好恶，所以这样产生了移情效应。洞悉人性，就应该像案例中的拉缇埃一样。

移情效应经常表现为"人情效应"，体现在日常生活中，也是比比皆是。我们经常会听到这样的话："朋友的朋友也是我的朋友。"实际上这就是对朋友的情感迁移到了相关的人身上；或者说"两肋插刀"，实际上这是把对朋友的情感迁移到了相关的事情上面；人们总习惯珍藏初恋男友送给自己的礼物，这是把对初恋男朋友的情感迁移到了这些礼物上面。

心理学研究表明，不但爱的情感会产生"移情效应"，恨的情感、厌恶的情感、嫉妒的情感等也会产生移情效应，比如在古代中国的皇帝可以因一人犯罪而株连九族，其恨可谓泛；战国时期庞涓因嫉妒孙膑的才华而设计剜去其膝盖骨，其妒可谓深。每个人都有七情六欲，因此人与人之间最容易产生情感方面的好恶，并由此产生移情效应。

王朔在《玩的就是心跳》中塑造了一位几乎隐形的女性，这个女人既能度人又能自度，名字叫作刘炎，她的同居者李奎东这样描述过她：她是那种饱经风霜的人，对一切变故都采取泰然自若的态度。一切都不需要明说，一个眼色、一个面部的微小变化都会使她立刻明白自己的处境和对方的意图。她从不执拗他人，也不使人为难，很温顺很平和，和她相处我很轻松。请别因此得出错误的印象认为她是凄恻少言的活动木偶。她很爱说爱笑也很风趣，在人多的场合从不怯场，总能落落大方应付自如。

在婚恋关系中，移情效应更能发挥出与众不同的作用。所谓“爱人者，兼其屋上之乌”，这样的情感将促使我们学会站在对方的角度上去思考问题，理解对方、体贴对方，让对方时时刻刻感到你浓浓的爱意。

善解人意的女人是男人最渴望接近的女人，同时是使男人燃烧、唤起男人激情的女人。好男人不会因为女人的善解人意的谦让而得寸进尺，反而会心存感激。在这个充满浮躁气息的社会里，只有懂得为对方着想的女人才是家庭的真正港湾，男人休憩心灵的圣地。女人的柔情使男人增加自信，消除内心的疲劳。虽然男人是刚强的，同时又是脆弱的，甚至有的男人将自己的荣誉和面子看得比生命还要重要。而那些善解人意的女人知道男人的精神世界有哪些禁区，如何保护男人的尊严不受伤害，她在享受被爱的同时，更学会如何去爱人。

心灵物语

婚恋中的移情效应要求我们善于站在对方的角度上思考问题，处处做到善解人意。当然，善解人意并不是一味地迎合和纵容对方，而是指在遇到事情的时候，可以尽可能地用自己的心去体会对方的心，用自己的感觉去体会对方的感觉。无法要求别人善解人意，不过自己做到善解人意，最大的受惠者往往不是对方，而是自己。

视网膜效应：爱并欣赏着他

人们常常期待来自爱人的欣赏与赞美。

在婚恋关系中有一种特别的心理效应——视网膜效应。这种效应指的就是当我们自己拥有一件东西或一项特征的时候，我们就会比平常人更会注意到别人是否跟我们一样具备这种特征。心理学家认为，一个人要想拥有好人缘，让自己成为受欢迎的人，那就必须养成欣赏自己与肯定自己的能力，因为在“视网膜效应”的作用下，一个看到自己优点的人，才有能力看到别人身上的可取之处。当然，用积极的态度看待他人，往往是良好人际关系的必备条件。

圣诞节快到了，美国芝加哥西北郊的帕克里奇镇洋溢着一种浓烈的节日气氛，到处都摆放着圣诞树，玻璃窗上贴满了雪花。正在读中学的谢丽拿着一大叠不久前收到的圣诞卡，准备在好朋友希拉里面前炫耀一把，不过令她惊讶的是，希拉里的抽屉里却装满了圣诞卡，看着比自己多十几倍的圣诞卡，谢丽感到特别奇怪。

谢丽惊讶地问：“你怎么会有如此多的朋友？在你身上有什么神奇的魔法吗？”希拉里回答说：“我觉得，如果真的有魔法的话，那就是欣赏别人。”

接着，希拉里讲述了一个故事：

有一天中午，我和父亲在郊区的公园里散步，在那里我看见一个十分可笑的老太太。天气已经很暖和了，她却裹着一件厚厚的羊绒大衣，更有趣的是脖子上还围着一条围巾，她这样的装扮让我以为天上下起了鹅毛大雪。我拽着父亲的胳膊，取笑道：“你看那位老太太的样子真是滑稽可笑。”当时，父亲的脸一下子变得严肃，他安静了一会儿，说道：“希拉里，我忽然发现你失去了一种魔法，你不会欣赏别人，这表示你在与别人的交往中少了一份真诚和友善。”

父亲接着说：“那位老太太穿着厚大衣，围着围巾，或许是大病初愈，身体不怎么舒服。不过你看她的表情，笑容是那么的生动，难道你不觉得阳光下的她很可爱吗？我觉得这笑容真是令人感动！”父亲领着我走到那位老太太面前，微笑着说：“夫人，您那温和的笑容真是令人感动，相信您明天的生活会更好！”那位老太太非常激动：“谢谢，谢谢您！先生。”说着，她便从提包里取出一小袋饼干递给了我，并夸奖说："你真漂亮！"

"后来，我就知道一定要真诚地欣赏别人，因为每个人都有值得我们欣赏的优点，当你这样做了，你就会获得很多的朋友。"希拉里说。

通过视网膜效应，卡内基先生提出一个观点：每个人的特质中大约有百分之八十是长处或优点，而百分之二十是我们的缺点。当一个人只知道自己的缺点是什么，而不知道发掘自己的优点时，视网膜效应就会促使这个人不断地发现自己身边的人有很多拥有类似的缺点，从而导致其人际关系无法得到改善。所以，在生活中，我们应该避免视网膜效应。对此，卡内基先生在80年前创办卡耐基训练时，就总是强调一个人要有好人缘，受人欢迎，一定要培养欣赏自己与肯定自己的能力，同时，还要在此基础上欣赏别人。

在婚恋关系中，许多有着自己事业的女人总会说："我是女人，我比男人强。"马云认为，所有伟大女性共同拥有的特色，那就是懂得欣赏男人。在崇尚自由、民主的社会环境熏陶下，女人的天性开始复苏，欣赏异性不再是男人的专利，女人也同样可以欣赏男人，面不改色地讨论男人的话题。

心理学家认为，在婚恋关系中，人们应该避免视网膜效应。大量事实证明，人是需要另一半的欣赏和赞美的，在欣赏中他可以获得一种向上的力量，在赞扬声中他可以获得一种继续往前的勇气。甚至，我们可以说，另一半的赞美和欣赏就是人在困境中前进的动力和自信心的来源。

心灵物语

人都是怕被人看不起的，特别是男人。从外表来看，男人是很坚强，实际上他们内心深处也有柔软脆弱的一面，他们渴望来自妻子的呵护，期待来自爱人的欣赏与赞美。如果说女人虚荣，那么男人比女人更虚荣。所以，聪明人一定要学会欣赏和赞美自己的另一半，当你说几句赞美的话，一向稳重成熟的对方也会像孩子一样开心。

刺猬效应：留出相爱的距离

最快失去爱的方式是将爱抓得太紧，而最快获得爱的方式是给予爱。

在西方有一则寓言，说的是在寒冷的冬天里，两只相爱的刺猬要相互取暖，一开始由于距离太近，各自的刺将对方刺得鲜血淋漓，后来它们调整了姿势，相互之间拉开了适当的距离，不仅互相之间可以取暖，而且很好地保护了对方。心理学上把这种现象称作刺猬效应，这个心理学效应告诉我们，每个人都需要在自己的周围有一个自己把握的自我空间，它就像一个无形的“气泡”一样，为自己“割据”了一定的“领域”。

蔡健雅有一首歌叫《呼吸》，那是一种对爱情的呼唤，没有了爱人，那种冰冷难耐的空气直接侵入，让人无法呼吸。可是，当我们的爱占据了男人的整个世界，这会让对方感受到无限的压力，自由空间受到限制，甚至无法呼吸。有人说：“爱一个人不要太满，不要十分爱，只需要八九分就可以了。”就好像煎牛排一样，煎得太熟，会破坏牛肉本身的质量，还会影响牛肉的美味。

其实，爱情也是一样的道理，女人要善于把控爱的尺度，不要让他有一种窒息的感觉。有时候，我们都会认为一声关怀就是爱意，以为经常送上问候，嘘寒问暖，就是深情；以为只是询问而不干涉，就是宽容。可是，这样造成的结果就是爱人并不领情，自己也会感到很受伤。究其原因，是因为把爱抓得太紧了，所以，限制了爱的自由，自然也就没有爱了。

他和她认识在浪漫的大学时代，然后在一大帮朋友的撮合下陷入了热恋。他很爱她，这是众人皆知的秘密；她也很爱他，这一点，没有人怀疑。朋友都说她就像是他的影子，总是跟在他身边，形影不离。有人说，距离产生美。但他们俩却异口同声地反驳：有了距离，美也就没有了。

她不喜欢他抽烟，特别是在公共场合，那他就不抽，只要她高兴；她还不喜欢他上网打游戏，说那样会玩物丧志，他也可以不打，因为他认为她说得很对。她不让他做的事情，他从来不坚持，因为他觉得她也是为了自己好，他应该尊重她。渐渐地，他已经习惯了她这样左右自己的生活，而她觉得只有这样，才能充分说明自己在他心目中的位置。

大学毕业后，他们开始工作了，他的工作时间并不是法定的八个小时，而是变得更长。刚开始，她只是埋怨他没有时间陪她，但是后来，这种埋怨逐渐升级为猜疑。有一次，他加班回家已经深夜一点了，他一进门就看到她坐在床上，他问她为什么还没有睡，她阴阳怪气地说想等他回家闻闻身上有没有香水味，他只当她开玩笑，脱衣服去洗澡，可洗完之后却发现她正在床上翻自己的口袋。那天晚上，两个人都无法入睡。

后来，她每天都会打数十个电话查岗，他终于在有一天忍无可忍，生气了"我在单位，你可以放心了吧？"这样的行为愈演愈烈，每天都会有歇斯底里的争吵，本来深厚的感情一点点地被扼杀了。

劳伦斯曾经在《儿子与情人》中说，"爱情应该给人一种自由感，而不是囚禁感。"真正的爱情应该是彼此有着自由呼吸的空间，也有人说，最美丽的爱情就是两个人既是共同体，却又是相互独立的个体。

固然，爱情需要火花的碰撞，也需要激情的燃烧，但是，如果你将爱的琴弦绷得太紧，那爱势必会在浪漫地释放之后走向了决裂的坟墓。

即便是一对相爱的人之间也是需要自由距离的，就像是冬天里互相取暖的两只刺猬，进行多次尝试之后才找到一个最合适的距离：既能获得温暖而又不至于受伤害。也许，我们在面对陌生人时，早已经习惯了保持适当的距离，但在面对爱人的时候，便觉得应该取消这种距离，需要互相拥有，非常亲密，彼此之间根本不需要距离。可是，当两个人紧紧地依偎在一起，其实早已经没有了呼吸的空间。

在婚恋关系中，要宽容大度，不要斤斤计较，不要专横多疑，爱一个人等于管理一个心爱的花园，既要有足够的空间，也要有足够的营养，同时还需要有耐心。心理学家认为，刺猬效应是婚恋关系中一个很好的心理效应，两人交往时保持适当的距离能让双方都感觉到舒服才是长久的交往之道。

跟踪、打听、猜疑都是人不自信、不宽容的表现，既然他选择了你，那表示你身上的优点是他最需要的，假如你不懂得不断改善自己，反而去跟踪另一半，四处打听其隐私，那他只会对你越来越厌烦。对伴侣，要实施“放养”政策，松中有紧，紧中有松。

聪明的女人从来不看伴侣的手机，即便他知道男人世界的规则，但也从不参与议论。假如是伴侣的朋友来了，就大方接待，展现自己的贤良淑德。平日生活中，尽可能让自己知识丰富，兴趣广泛，做好伴侣的后勤部部长，这会让对方有权威感，他自然会感觉到家的温馨。

在婚恋关系中，距离产生美，雾里看花花更美。男女交往时保持一定的距离可以让交往环境更良好，让交往效果更完美。即便是结婚后，也要保证给予对方一定的私人空间。

心灵物语

正如那句名言所说“最快失去爱的方式是将爱抓得太紧，而最快获得爱的方式是给予爱”。爱情就像是一滴晶莹剔透的水珠，你越是紧紧地握着，它就越快地从指缝中流走、蒸发，最终成为没有颜色的悲哀。

吞钩现象：放下纠缠的爱情

奥地利的心理学家阿德勒是一位钓鱼爱好者，有一次，他发现一个十分有趣的现象：鱼儿在咬钩之后，通常因为刺痛而疯狂挣扎，因而鱼钩就陷得越紧。对此，阿德勒因此提出了一个相似的心理概念，叫作吞钩现象。

爱情是一个折磨人的东西，爱与恨的交织，炙热与背叛的疏离。因为爱情的复杂性，许多人在爱情这座城堡里来了又走，去了又来，不断地纠缠，反复地折磨，结果，本来一份美好的爱情最终却变得支离破碎。多少人的爱情是这样一种情景呢？与同一个人分分合合好几年，不结婚，也没正式地在一起，甚至，在分开的那几年，两人分别都谈了另外的朋友，但最后还是纠缠在一起。这样的感情最终只会有一种结果，那就是无疾而终。

爱情是经不起折腾的，尤其是反复的折磨，对待爱情，我们应该以果断的态度，痛快地了断。对待一份感情，如果双方都希望好好地走下去，那就好好地，别争执，别猜疑，给予爱人足够的空间与自由；如果你觉得这份感情已经走不下去了，那就要学会痛快地结束，而不是反复地上演着“分手—和好”的剧情。

北北是一个性子比较倔强的女孩子，在大学毕业后，她邂逅了一个三十岁的男人，那人一脸沧桑，让北北看着很心疼。在一间咖啡屋，男人向北北倾诉了自己的过往，语气低沉，脸色悲伤，在这一瞬间，北北心动了。

虽然，男人看起来已经很老了，但北北并不在意，甚至，她觉得这就是一种成熟感。在爱情的甜蜜中，北北甚至忘记了问那个男人现在的感情状况。沧桑男人经常会对北北的生活嘘寒问暖，时不时地送一些礼物，像名贵的手表、项链、珠宝，北北每次都像收到了玩具的小孩子一样，连笑容里也洋溢着爱的甜蜜。

一年后的某一天，北北无意中发现了那个男人原来是有老婆孩子的，在知道这个事情的那一刻，北北差点晕倒了，原来自己所拥有的童话般的爱情其实是一场骗局。她拒绝接电话，也不再跟那个男人联系了，但不到一个星期，男人就找上门了，不断忏悔自己的欺骗，希望北北能原谅自己，而且，他还拍着胸脯保证，自己一定会离婚。看着男人信誓旦旦的样子，北北心软了，两人重归于好。

之后，北北没再问过他家庭的事情，两人也就相安无事。不久之后，北北发现自己怀孕了，她很想要这个孩子，也想有个家了。可当她把这个消息告诉那个男人的时候，男人却轻描淡写地说，做掉吧，你应该做好避孕的，怎么这么大意呢！北北很伤心，再一次拒绝联系，她甚至天真地想着自己一个人将这个孩子养大。可没过几天，那男人再次找上门上，不断地说自己的苦衷，申明自己并不是不想要这个孩子，但现在自己还没正式办离婚手续，怎么给孩子名分呢？这样劝慰之下，北北虽然很伤心，但还是去医院做了手术，可是，手术之后北北就大出血，医生说也许以后再也不会怀孕了。

男人似乎对医生的结论很满意，高兴地说，这不正好吗，免去了怀孕的麻烦。这时候，北北才看透了这个男人的嘴脸，她也终于知道自己反复地跟这个男人分分合合其实是逼迫自己走向灭亡，这一次，她坚定了分手的念头。她换了住址，去了另外一个城市，她相信，在这个城市肯定会有属于自己的幸福在等着自己。

生活中，有的人已经不年轻了，但他也没结婚，说到自己的感情，他只会无奈地表示："我还在跟我的前女朋友纠缠不清，我也不知道我们未来会怎么样，但目前为止，我还是跟她在一起。"这样的感情会有结果吗？我们无从知道。对待任何一份感情，我们都需要认真，付出真心，这样我们才能收获幸福。

心理学家认为："吞钩效应是神经高度紧张、情节反复纠缠的结果。面对这种吞钩式的心理现象，只有深入地心理分析才能帮助患者放松，只有耐心的心理疏导才能帮助患者吐钩，患者意识到问题的实质，看到解决问题的出路，才能做到'鲤鱼挣脱金钩去，摇头摆尾不再回'。"当然，内心的情绪梳理还需要患者本人敞开心扉，打开心胸，这样一个在精神灾难的污泥中打过滚的人，才会发现自己未曾发现的真理，找到自己未曾找到的生活。

在婚恋关系中，我们要善于避免吞钩效应。许多人总是在一段感情中纠缠，再纠缠，纠缠了三年五载，结果受伤的还是自己。为什么？因为感情太深？当然不是，其源于心理学效应——吞钩效应。

许多女人总认为自己割舍不了一段感情是因为某个人，实际上她们舍不得的是自己的付出，不甘心自己一走了之，所以拼了命地纠缠。始料不及的是，最后就好像那只鱼儿一样，在鱼钩上奄奄一息。尽管我们无法用惯用的标准来衡量爱情，但是，我们内心的灵魂可以感受到这段感情是否可以带来满满的正能量。简单地说，就是是否让你感到幸福，抑或是快乐。

心灵物语

有人或许会说，假如一段感情不能带给你一丝的痛楚，那定然不会留下刻骨铭心的回忆。不过，假如一段感情带给你的痛苦远远多于快乐，那你还需要继续保持“咬钩”的姿势吗？或许放手之后，你才会感受到阳光般的心灵温暖，甚至重新收获一份爱情。

第16章
追逐成功，抓住命运的机会

拿破仑说：“我成功是因为我志在成功。”一个人是否成功的关键，在于他追逐成功的欲望有多大。假如总是抱着“一定要成功”的决心，那就能够抓住命运的机会，破釜沉舟，排除万难，迎接成功的曙光。

半途效应：意志力是无限的

哪怕是对自己的一点小小的克制，也会使人变得强而有力。

高尔基说：“哪怕是对自己的一点小小的克制，也会使人变得强而有力。”每个人都是有毅力的，可以说，毅力和克服困难相伴。换句话说，克服困难的过程，也就是培养、增强毅力的过程。在生活中，那些毅力不是很强的人，往往能克服小困难，而不能克服大困难，但不断地积累毅力，也可以使人有克服大困难的毅力。

大量事实证明，毅力是可以培养的，心理学家举了这样一个生动的例子：“今天，你或许挑不起一百斤的担子，但你可以挑三十斤，这就行。只要你天天挑，月月练，总有一天，即使一百斤的担子压在你的肩上，你依然能健步如飞。”这就是“半途效应”的侧面反映，半途效应是指在激励过程中达到半途时，由于心理因素以及环境因素的交互作用而导致的对于目标行为的一种负面影响。

从前，有一名和尚叫一了，他的耐性不够，做一件事情只要稍稍有点困难，就很容易气馁，不肯锲而不舍地做下去。

有一天晚上，师父给他一块木板和一把小刀，需要他在木板上切一条刀痕，当一了切好了一刀以后，师父就把木板和小刀锁在他的抽屉里。以后，每天晚上，师父都要小和尚在切过的痕迹上再切一次，这样连续了好几天。

终于到了一天晚上，一了和尚一刀下去，就把木板切成了两大块。师父说：“你大概想不到那么一点点力气就能把一块木板切成两大块吧？一个人的一生的成败，并不在于他一下子用多大的力气，而在于他是否能持之以恒。”

古人云：“事当难处之时，只让退一步，便容易处；功到将成之候，若放松一着，便不能成。”在生活中，有很多事情，并不是仅仅依靠三分钟热情就可以做好的，也不是一朝一夕就能做到的，而是需要持之以恒的精神，我们必须要付出时间和代价，甚至是一生的努力，当然，在这个过程中，我们需要忍耐，坚持，再坚持，以无限的意志力等待机会和成功的来临。

大量事实表明，人的目标行为的中止期大多发生在“半途”附近，那是一个极其敏感和脆弱的区域。导致半途效应产生的原因来自于两方面：一是目标选择不合理，有可能在选择目标的时候，过大或过小，从而导致了半途效应；二是个人的意志力，意志力越弱的人越容易出现半途效应，如果你想干点什么，那一定要培养出坚忍不拔的精神。

小时候，妈妈总是这样说：“你能做到，玫琳凯，你一定能做到。”玫琳凯女士不仅将这句话作为自己的座右铭，而且将这句话作为公司的理念来激励更多未来的女性。玫琳凯坦言，创建公司是在遇到了一些挫折之后才真正的开始，那时候她才意识到自己的意志力。

玫琳凯女士曾在直销行业工作了25年，当时，她已经做到了全国培训督导。但是，眼看着自己的一位男下属都得到了提拔，而且薪水将是自己的两倍。玫琳凯女士毅然决定辞职，实现自己的一个理想，她说：“我建立公司时的设想是想让所有女性都能够获得她们所期望的成功，这扇门为那些愿意付出并有勇气实现梦想的女性带来了无限的机会。”

然而，在创业之初，她经历了多次失败，也走了不少弯路，但是，她从来不灰心、不泄气，从来没想过要放弃，反而越挫越勇，决心坚持到底。她这样诙谐地解释：“挫折是化了妆的祝福。”最后，她创建了玫琳凯公司，玫琳凯女士这样说道：“从空气动力学的角度看，大黄蜂是无论如何也不会飞的，因为它身体沉重，而翅膀又太脆弱，但是人们忘记告诉大黄蜂这些。女性就是如此——只要给她们以机会、鼓励和荣誉，她们就能展翅高飞。”

玫琳凯的成功案例是哈佛学子案头必备的研究，从她的身上，我们懂得：强大的意志力能战胜一切。凡是能够成大事者，他们必须经得起挫折的历练，经得起失败的打击，因为成功需要风风雨雨的洗礼，而一个有追求、有抱负的人，他总是视挫折为动力。

那些取得巨大成就的人，他们与常人的区别就在于，他们拥有较强的意志力，而并非他们有多么过人的本领。在大多数人不能坚持的时候，他们又多坚持了一会儿；在大多数人想要放弃的时候，他们咬着牙坚持了下来。当然，由于其拥有过人的意志力，任何事情在他们面前，都可以说是简简单单。而对于我们来说，拥有过人的意志力，可以说是事半功倍。

心灵物语

迎接挫折的过程，就是他们培养、增强意志力的过程。所以，挫折对于天才来说是一块成功的跳板，对强者来说则是一笔宝贵的财富。所谓的挫折与苦难是一所修炼人生的高等学府，而你是否能顺利毕业则源于内心强劲的意志力。

不值得定律：有些事情不必花费力气

不值得做的事情不要做，值得做的事情就要把它做好。

人们普遍存在着一种心理：一个人如果觉得这是一件不值得的事情，他往往会持冷嘲热讽、敷衍了事的态度。换句话说，对于他们认为不值得去做的事情，那就不值得去做好。当然，由于这种心理，使得他们在从事自认为不值得的事情的时候，难以成功，即使成功了，他们也体会不到多大的成就感。每个人都有不同的价值观，而人们去做事情的标准则是：只有符合自己价值观的事情，他们才会满怀热情地去做。对于符合自己价值观的事情，他们能够做得很好，反之，与自己价值观不相符合的事情，他们很难做好，因为缺乏足够的热情，这就是心理学上的“不值得定律”。

在职场中，同样一份工作，在不同的环境下，它所给我们的感受是不同的。比如，在一家大公司，初入职场的你被安排做打杂跑腿的工作，很可能你认为这是不值得的，结果，你就连一些小事情都不能做好；反之，一旦你晋升了职位，你就会觉得这份工作是很难得的，自己一定要好好努力工作，因为它值得你去为之努力。

“我喜欢创作，但我却在做指挥。”这个矛盾一直折磨着世界著名的指挥家——伦纳德·伯恩斯坦。虽然，他无数次站在舞台接受掌声和鲜花，但是，他心里是不愉快的，总是感到一阵隐痛和遗憾。生活中，我们常说“选择你所爱的，爱你所选择的”，其实，说的就是这个道理。

俗话说：“旁观者清，当局者迷。”有时候，我们自己置身其中，往往不能分辨出这件事到底值得不值得。这时候，我们应该换个角度思考问题，站在第三者的立场看问题，这样你就会多一些理解与包容，看问题会更全面、更周到，这样，你会对一些之前认为不值得的事情有了一些改观。

小杜是计算机专业的硕士生，毕业后去了一家大型软件公司工作。工作没多久，他就凭着深厚的专业基础和出色的工作能力，为公司开发出了一套大型的财务管理软件，对此，他得到了公司同事的称赞和上司的肯定。

就在去年，小杜被提升为开发部经理，在上司看来，他不仅精通技术，而且还是一个值得下属信任和尊敬的上司，而他所领导的开发部屡创佳绩。公司老总认为小杜是一个不可多得的人才，就把他提升为总经办，负责全公司的管理工作。接到任命通知书后，小杜显得并不高兴，他明白自己的特长是技术而不是管理，如果自己纯粹去做管理工作，会使自己的特长无法发挥，而且，专业技术也将会被荒废。更关键的是，自己并不喜欢做管理，在小杜看来，那是不值得去做的工作。

可是，碍于上司的权威和面子，小杜还是接受这份对他来说不值得做的事情。果然，在接下来的一个月里，虽然，小杜做出最大的努力，但还是令人失望。上司难以体会到他的苦衷，也开始对他施加压力。如今，小杜不但感到工作压抑，毫无乐趣可言，而且，他越来越讨厌这份工作，甚至，想到了离开公司另谋出路。

大量研究表明，在职场中，至少有一半以上的人将精力花在与工作无关的事情之上，如果你一天花这么多时间在一件不值得去做的事情之上，那么，工作对于你而言，将会变成一件痛苦的事情。就像案例中的小杜一样，或许，因为这样，还会波及到你的大好前程。在这里，警惕那些将精力花在不值得去做的事情上的人们，不要再耗费自己的生命了。或许，是到了你该离开的时候了，离开这个不能让你振奋、给你新知的地方了。开始重新去寻找一些值得去做的事情，这样，也才能体现出你应有的价值。

论语曰："十五而上学，三十而立，四十不惑，五十知天命，六十而耳顺。"人生是一个不断学习、不断丰富的过程。随着年龄的增长，我们的知识以及能力也会有所提高。在知识的感知下，我们将越来越能正确分辨，哪些事情是值得去做的，哪些事情是不值得去做的。

哲人告诫我们："多听，多看，多想，凡事三思而后行。"对于每一件事，每个人都有自己看不到、想不到的地方。为了避免犯一些人生的错误，我们应该多听、多看、多想，多听听他人的意见，这样，我们才会将事情判断得更准备，避免过分值得或不值得的现象的出现。

心灵物语

当我们选择的是我们所感兴趣或认为有价值的事情，那么，我们就会激发出全身的力量去努力，心理也会相对坦然很多。对此，"不值得定律"给予我们这样的启示：不值得做的事情不要做，值得做的事情就要把它做好。当然，什么是值得的，什么又是不值得的，这根源于每个人的价值观。

杜根定律：自信铸就成功路

强者不一定是胜利者，但胜利者迟早都属于有信心的人。

“杜根定律”告诉我们，从心理学角度说，信心可以决定一个人的成与败。也许，有人会感到不解，怎么样才能获得信心呢？成功的回忆中可以帮助我们建立成功的自我想象，可以使自己获得自信。当你对自己的能力表示怀疑，为自卑感所困扰的时候，不妨从过去的成功经历中汲取养分，来滋润自己的信心。不要沉溺于对失败经历的回忆，要将失败的意象从自己脑海中赶出去。生活中，许多人之所以缺乏自信，有诸多因素，可能是在失败的经历中被磨灭，可能是内心存在的自卑感，等等。然而，我们应该记住这样一句话：只有自己轻视自己，别人才会轻视你。

戴高乐将军曾说：“眼睛所看到的地方，就是你会到达的地方，唯有伟大的人才能成就伟大的事，他们之所以伟大，就是因为他们决心要做出伟大的事。”凡是成功者都具备一个共同特征，那就是对自己有信心。

有一个人经常出差，但常常买不到对号入座的车票。奇怪的是，无论长途短途，无论车上多拥挤，他总是能找到座位。有人问他秘诀是什么，他说：“办法其实很简单，我就是很耐心地一节车厢一节车厢找过去，也许，你认为这个办法似乎并不高明，但是，每一次都很管用。因为我每次都做好了从第一节车厢走到最后一节车厢的准备，而每次我都用不着走到最后就发现了空着的座位。”他笑了笑，接着说：“因为像我这样锲而不舍寻找座位的人并不多，经常我已经坐在位子上了，而旁边还有许多空位，但在一些车厢的过道和车厢接头处挤满了人。”

有人问他：“你是如何找到这个办法的？”他解释说：“大部分人很容易就被一两节车厢拥挤的表面现象迷惑了，不会认真思考火车在途中多次停靠会潜藏着不少座位的机遇，即使他们想到了这一点，但许多人依然没有那份寻找座位的耐心。在他们眼里，一小块立足之地就已经很满足了，为了一两个座位背着行囊挤来挤去，他们会觉得这样做不值得。甚至，他们还担心万一找不到座位，再回来连个好好站着的地方都没有了。”听了他的话，有人慢慢理解了他为什么会在事业上取得如此巨大的成功了。

自信、执着，会让你拥有一张人生之旅的永远坐票。那些不愿意主动寻找座位，最终只能在上车时的落脚之处一直站到下车，他们其实就是在生活中安于现状、不思进取、害怕失败的人，最终，他们永远滞留在没有成功的起点。

每一次的成功都会使他们很快地树立自信心，成功机会越多，他们的自信心就越强。成功的第一秘诀就是自信心，如果自己都不相信自己，那么别人更不可能相信你。

韦尔奇这样解释他的成功：“我们所经历的一切都会成为我们信心建立的基石，当你被选为一支球队的队长时，当你在球场中选队员时，你就掌握了这支队伍，然后事情就这么发生了，渐渐地，你会习惯这些经验，而且人们也会信任你，给予你善意的回应。”

其实，在生活中，任何事情本身并不能影响我们，我们只是受对事物的看法的影响，在任何时候，我们都不能将自己看成是一个失败者，而是尽量把自己当成一个胜利者。每个人没有什么局限性，任何人都一样，而在每个人的内心都有一个沉睡的巨人，那就是信心。

心灵物语

信心是获得成功不可缺少的前提，信心会引导我们走向成功。有信心的人，他们遇事不畏缩，不恐惧，即使内心隐隐不安，他们也能勇敢地超越自我。有信心的人，他们浑身上下充满了活力，能解决任何问题，凡事全力以赴，最终他们成为了最伟大的胜利者。

跳蚤效应：挖掘自己潜在的能力

一个人如果没有明确而坚定的目标，是不会成功的。

在生活中，许多人不敢追求成功，原因并不是追求不到成功，而是因为他们在还没有开始追逐之前就在心里默认了一个“高度”，这个高度常常暗示自己：成功是不可能的，这个是没办法做到的。“心理高度”成为了人们无法取得成功的根本原因之一，自我设限是一件很悲哀的事情，跳蚤并非失去了跳跃的能力，而是他们在受挫之后变得麻木了，习惯了。

生物学家曾做过这样一个有趣的实验：他曾经将跳蚤随意地向上一抛，它能从地面上跳起一米多高，但是，如果在一米高的地方再放个盖子，这时，跳蚤跳起来，撞到了盖子，而且一再地撞到了盖子。这样过了一段时间，生物学家拿掉了盖子，发现跳蚤虽然还在继续跳，但它们已经不能跳到一米以上了，直至跳蚤结束了生命，它们也跳不到一米以上了。这是为什么呢？其实，理由很简单，因为跳蚤调节了自己跳的高度，而且，逐渐适应了这种情况，不再改变。这个现象就是心理学上著名的跳蚤效应，不仅跳蚤如此，人也一样，有什么样的目标就有什么样的人生。

有这样一个故事：有人问三个泥水匠："你们在干什么？"甲说："砌墙。"乙说："挣钱。"丙说："造世界上最有特色的建筑。"后来，前两位泥水匠一生碌碌无为，只有第三位泥水匠成为了知名的建筑师，因为只有他清楚自己砌每块砖这样的小目标与未来一座宏伟建筑之间的关系。在我们身边，有许多人都明白自己在人生中应该做些什么，但就是迟迟不肯拿出行动来，根本原因就在于他们欠缺了未来清晰的目标，而有什么样的目标，就有什么样的人生。

1952年7月4日清晨，加利福尼亚海岸还笼罩在浓雾之中，在海岸以西21英里的卡塔林纳岛上，34岁的费罗伦斯·柯德威克涉水进入了太平洋，她开始向加州海岸游去，如果这次能够成功，她就会成为第一个游过这个海峡的妇女。在这之前，费罗伦斯·柯德威克是第一个从英法两边海峡游过英吉利海峡的妇女。然而，在这天清晨似乎没有想象中的顺利，海水冻得费罗伦斯·柯德威克身体发麻，由于浓雾越来越大，她几乎看不到护送自己的船，一个小时过去了，又一个小时过去了，无数的观众在电视上注视着她。对费罗伦斯·柯德威克来说，诸如此类的渡海游泳中最大的问题不是疲劳而是刺骨的水温，15个小时过去了，费罗伦斯·柯德威克被冰冷的海水冻得浑身发麻，她知道自己不能再游了，就叫人拉她上船。而柯德威克的母亲和教练就在另一条船上，他们告诉她："海岸很近了，不要放弃。"但是，罗伦斯·柯德威克朝加州海岸望去，前面是一片浓雾，什么都看不见。几十分钟以后，人们将柯德威克拉上了船，而拉她上船的地点，离加州海岸只有半英里。

当有人告诉柯德威克这个事实后，从寒冷中恢复知觉的她看起来很沮丧，她对记者说："真正令我半途而废的不是疲劳，也不是寒冷，而是因为在浓雾中看不到目标。"在费罗伦斯·柯德威克的一生中，只有这一次没有坚持到最后。两个月后，柯德威克再一次尝试，这次，她成功地游过了这个海峡，她不但是第一位游过卡塔琳纳海峡的女性，而且比男子的纪录还快了大约两个小时。

对于柯德威克这样的游泳能手来说，还需要目标才能鼓足干劲完成她有能力完成的任务，而对于我们普通人来说，更需要为自己设立一个清晰的目标。一个人如果没有明确而坚定的目标，是不会成功的。克莱斯勒在年轻时曾做了一件疯狂的事情，他从银行里取出了所有的存款，到纽约参观汽车展，回来时还买了一辆新车，更疯狂的是，他回到家中便把车停到车库中，并将每个零件都拆卸了下来，研究完之后，又把车子组装起来。大家都认为他疯了，但是，最后他成为了闻名世界的"汽车大亨"。

在美国企业界，有一个深孚众望的奖项——美国国家品质奖，它象征着美国企业界的最高荣誉，而赢得此奖的企业，必须是能生产全国最高品质产品的企业。这里所讲的就是摩托罗拉公司不断追逐目标的故事。

1981年，摩托罗拉公司派了一个侦察小组到世界各地进行考察，不仅需要看他们怎么做，而且还要看他们如何精益求精。同时，摩托罗拉公司的员工也面临了挑战，那就是最大限度地降低工作中的错误率。公司设定了新的目标：所生产的电话合格率达到99.997%。所有摩托罗拉员工都收到了一张小小的卡片，上面标示着公司的目标。

1988年，66家公司竞夺美国国家品质奖，大多数参赛单位是一些像IBM、柯达、惠普等大公司的某一个部门，但摩托罗拉却以整个公司为单位参加竞赛，并轻松获得该奖项。1988年度，由于减掉了昂贵的零件与替换公司，摩托罗拉公司节省了2.5亿美元，收入增加了23%，利润提高了44%，达到了前所未有的纪录。

正如摩托罗拉公司一名主管说：“得美国国家品质奖，有一种金钱买不到的奇效。”这里的“奇效”就是指目标的效力，有什么样的目标就有什么样的人生，目标可以促使我们产生积极性。同样的道理，一个企业要想获得成功，就要为自己设定一个可以追逐的目标，摩托罗拉公司的成功就是最典型的案例。

心灵物语

许多人不敢去追求梦想，不是梦想太远，而是因为他们心里已经默认了一个“高度”，而这个高度常常使他们受限，所以，他们看不到未来确切的努力方向。所以，我们要将成功的信念注入血液之中，不断地告诉自己“我能行”“我努力就一定能成功”“我是最优秀的”，不断增强自信心，勇于向成功奋进。

参考文献

[1]王琳.听心理学家讲故事[M].北京：当代世界出版社，2006.

[2]文成蹊.听心理学家讲故事：为心灵打开尘封的锁[M].北京：中国纺织出版社，2008.

[3]徐光兴.猫型性格，狗型性格——听心理学家讲故事[M].上海：上海社会科学院出版社，2008.